PRÉPAS SCIENCES
collection dirigée par Bertrand Hauchecorne

Sciences numériques et technologie

Seconde

NOUVEAUX PROGRAMMES

Lou Chalmain
Agrégée de mathématiques,
professeur de mathématiques au lycée Jeanne d'Arc (Nancy)

Quentin Fortier
Agrégé de mathématiques,
professeur d'informatique en CPGE au lycée Victor Hugo (Besançon)

ellipses

COLLECTION
PRÉPAS SCIENCES

Retrouvez tous les titres de la collection et des extraits sur www.editions-ellipses.fr

ISBN 9782340-033658

32, rue Bargue 75740 Paris cedex 15

www.editions-ellipses.fr

PRÉFACE

Réussir dans les Sciences du numérique et technologie en Seconde ? Pourquoi pas ?

Écrit par des professeurs compétents, l'une enseignant cette discipline dans le secondaire et l'autre l'informatique en classes préparatoires, cet ouvrage répond parfaitement à cet objectif. Aussi, sera-t-il particulièrement utile à tous les élèves de **Seconde** qui souhaitent approfondir leurs connaissances dans les sciences du numérique mais principalement à ceux qui envisagent de choisir la **spécialité NSI** en première et, pourquoi pas, en terminale. Il leur permettra de l'aborder dans les meilleures conditions. Il est surtout un outil indispensable pour ceux qui envisagent de poursuivre des études supérieures dans une formation ayant une composante informatique importante.

Tout en suivant strictement le programme Sciences numériques et technologie **conforme à la réforme du Bac 2021**, cet ouvrage expose chaque notion avec rigueur et s'applique à donner des bases solides de programmation en Python. Il sensibilisera à la démarche scientifique, il aidera à **acquérir des méthodes de travail et des savoirs solides permettant de développer des capacités de raisonnement et de résolution** qui sont la clé de la réussite dans les études scientifiques. La structure de chaque chapitre est identique.

- **Le cours complet** rassemble tous les résultats à savoir. Il vous permet d'accéder à une connaissance approfondie des notions. Sa relecture est indispensable avant un devoir en classe. Les nombreuses situations données en exemple, en particulier les programmes, vous initient aux techniques utiles pour résoudre les exercices classiques. Elles l'éclairent et l'illustrent.
- **Les approfondissements et les algorithmes** vous conduisent à une excellente connaissance du programme et à une meilleure maîtrise des sciences du numérique.
- **La partie « vrai/faux »** vous permet de tester votre recul par rapport au programme, vous révèle les mauvais réflexes à corriger et vous met en garde contre les erreurs classiques.
- **Les exercices** sont incontournables pour assimiler le programme et pour acquérir un niveau très satisfaisant. Ils vous entraînent à l'épreuve de contrôle continu. Des indications, que les meilleurs pourront ignorer, permettent d'avancer selon son niveau.
- **Les corrigés** sont rédigés avec soin et de manière exhaustive.

Ainsi ce livre permet d'aborder avec aisance les interrogations, les devoirs surveillés et bien sûr d'assurer de bonnes bases qui seront si utiles plus tard. En outre, il procure une compréhension des outils du numériques et une excellente sensibilisation à l'informatique. Il offre ainsi les meilleures conditions pour réussir la Première et la Terminale et, par la suite, son entrée dans les études supérieures.

Bertrand Hauchecorne

SOMMAIRE

Chapitre 1

Bases de programmation Python

Lors des tout débuts de l'informatique, dans l'immédiat après-guerre, on travaillait directement en langage machine ce qui demandait une connaissance technique très spécifique. Le besoin s'est fait sentir de faciliter la tâche du programmeur en créant un langage intermédiaire. Le Fortran créé par John Backus en 1954 fut l'un des tous premiers. De très nombreux langages suivirent ; le Python, introduit en 1991 par Guido van Rossum s'avère être l'un des mieux adaptés à l'enseignement.

Un scientifique

Guido van Rossum a créé le langage Python mais, pour le faire évoluer, il a eu l'excellente idée de former autour de lui une communauté Python dont il est devenu le *Benevolent Dictator For Life* (dictateur bienveillant à vie). À ce titre-là, il validait lui-même toute proposition d'amélioration de ce langage.

LE SAVIEZ-VOUS ?

En juillet 2018, Guido van Rossum décida de laisser la gouvernance, tout en restant un conseiller des plus éclairés. Après un certain désarroi parmi la communauté, six propositions d'une nouvelle gouvernance furent mises au choix de ses membres. On mit alors en place un conseil de direction qui veille à la poursuite de l'évolution du langage.

Ce chapitre a pour objectif de donner des éléments de programmation dans le langage Python, afin d'apréhender au mieux les différents exemples et exercices proposés par la suite.

Les élèves les plus à l'aise auront ainsi toutes les bases leur permettant d'écrire leurs propres programmes, cependant, il n'est pas demandé aux élèves de seconde d'avoir des connaissances approfondies de ces notions (notamment en ce qui concerne les types `list` et `tuple`).

Il sera souvent demandé de comprendre ou de compléter un programme dès lors qu'il ne se limite pas à de simples affectations.

OBJECTIFS

- Affecter des variables de types simples
- Effectuer des tests à l'aide des opérateurs $==, <, !=$, etc.
- Programmer des fonctions simples
- Faire la différence entre `print` et `return`
- Comprendre, compléter, voire écrire, des programmes faisant intervenir :
  - Des instructions conditionnelles (`if`, `elif`, `else`)
  - Une boucle bornée (`for`)
  - Une boucle non bornée (`while`)
- Comprendre l'importance de la syntaxe :
  - Distinguer « , » et « . »
  - Ne pas oublier les « : » avant d'énoncer des instructions
  - Indenter correctement

Toutes ces notions peuvent bien sûr être réinvesties à loisir dans le cadre du cours de mathématiques.

Cours

Introduction

Un **algorithme** est une suite d'instructions à exécuter.
Celui-ci peut être écrit en **langage naturel**, c'est-à-dire en donnant les instructions en français, mais pour être exécuté, l'algorithme doit être traduit dans un langage de programmation.

Un même algorithme peut être **implémenté** dans plusieurs langages de programmation différents. Par exemple, le langage utilisé par les calculatrices TI n'est pas le même que celui utilisé par les calculatrices Casio. Ainsi, si on souhaite implémenter un algorithme sur sa calculatrice, on ne saisira pas le même **programme** selon la marque de celle-ci.

Variables et affectation

Une variable est désignée par un nom (une lettre, un mot, plusieurs mots séparés par « _ », sans espace) et contient une valeur d'un certain type. Les types que nous utiliserons ici sont :

- `int` : nombre entier relatif (positif ou négatif).
  Exemple : `4` et `-5` sont de type int.

- `float` : nombre flottant (à virgule).
  Exemple : `2.56` et `-1.627` sont de type float.

- `str` : chaîne de caractères, entourée d'apostrophes (`'...'`) ou de guillemets (`"..."`).
  Une chaîne de caractères correspond souvent à du texte, chaque caractère étant un symbole (lettre, chiffre, ponctuation...).
  Exemple : `'une chaine'` est de type `str` et contient 10 caractères (9 lettres et un espace qui est aussi un caractère).

- `bool` : booléen, qui peut avoir deux valeurs possibles seulement : `True` (vrai) et `False` (faux)

- `tuple` : suite d'éléments de types éventuellement différents, séparés par des virgules et entourés par des parenthèses (`(...)`).
  Exemple : `(3, 'triplet', True)` est un tuple contenant trois éléments.

- `list` : liste d'éléments, souvent de même type, mais ce n'est pas obligatoire, séparés par des virgules et entourés par des crochets (`[...]`).
  Exemples : - `[0, 2, 4, 6, 8]` est une liste contenant 5 éléments.
  - `[]` est une liste vide (ne contenant aucun élément).
  - `[[3, 6, 9], [4, 8], [5, 10]]` est une liste dont les éléments sont eux-mêmes des listes.
  - `[(64, 'pair'), (15, 'impair'), (12, 'pair')]` est une liste de couples.

⚠ **Remarque :** Attention, le symbole utilisé pour la virgule est « . » tandis que le symbole « , » sert à séparer des éléments, d'une liste par exemple.

En langage Python on utilise l'instruction `a = ...` pour affecter une valeur à une variable `a`.

Exemple : Voici un exemple de saisie dans une console d'exécution (le symbole `#` indique un commentaire, qui sera ignoré par Python) :

```
>>> a = 3    # on saisit les commandes après le prompt >>>
>>> b = 5    # a contient la valeur 3, b contient la valeur 5
>>> a + b
8         # résultat obtenu
>>> a - b
-2
>>> a * b
15
>>> a / b
0.6
>>> a ** 2  # a puissance 2, c-a-d a au carré
9
>>> a // 5, a % 5   # quotient et reste de la division euclidienne de a par 5
(28, 4)
```

Remarque : `a+b`, `a-b` et `a*b` sont des entiers (type `int`), `a/b` est un flottant (type `float`). Enfin, le dernier résultat est un couple d'entiers (type `tuple`).

Remarque : Attention, Python n'est pas un logiciel de calcul formel. Nous ne nous arrêterons pas dans ce cours sur la représentation des flottants, mais il faut avoir en tête qu'un ordinateur utilise une représentation binaire des nombres. On peut donc parfois obtenir des résultats surprenants comme par exemple...

```
>>> 0.1 + 0.1 + 0.1
0.30000000000000004
```

Pour accéder à davantage de fonctionnalités on peut importer certains modules comme par exemple le module `math` (accès aux fonctions mathématiques), le module `random` (génération de nombres aléatoires) ou le module `turtle` (module graphique).

Exemple : Les instructions suivantes permettent d'importer la fonction `sqrt` (racine carrée), du module `math`, puis de déterminer $\sqrt{144}$.

```
>>> from math import sqrt   # import de la fonction racine, du module math
>>> a = 144
>>> sqrt(a)      # racine carrée de a
12.0
```

Remarque : Si l'on souhaite directement importer toutes les fonctionnalités du module math on pourra directement saisir `from math import *`.

Pour afficher des valeurs et/ou du texte on utilise la fonction `print` :

```
>>> b = 8
>>> print('la racine carrée de ', b, ' vaut ', sqrt(b))
la racine carrée de 8 vaut 2.8284271247461903
```

Dans le cas des **séquences**, c'est-à-dire des listes, des chaînes de caractères et des tuples, l'opérateur + sert à la concaténation de deux séquences de même type, ce qui consiste à les mettre bout à bout, tandis que `len` détermine la longueur.

Cependant dans le cas des listes on préférera ajouter des éléments à l'aide de la méthode `append`. Enfin, pour accéder au i-ème élément d'une variable on ajoute `[i]` au nom de la variable.

⚠ **Remarque :** Attention, le premier élément est d'indice 0 et non 1 !
Pour accéder au dernier élément on peut aussi indiquer `[-1]`.

Exemple :

```
>>> puis_2 = [2, 4, 8, 16]  # type list
>>> puis_2
[2, 4, 8, 16]
>>> len(puis_2)
4
>>> puis_2[0]
2
>>> puis_2[-1]
16
>>> puis_2.append(64)       # on ajoute la valeur 64 à la liste puis_2
>>> puis_2
[2, 4, 8, 16, 64]
>>> len(puis_2)
5
>>> ch = 'bon' + 'jour'     # type str
>>> ch
'bonjour'
>>> len(ch)
7
>>> ch[3]
'j'
>>> ch[-1]
'r'
>>> couple = puis_2, ch     # type tuple
>>> couple
([2, 4, 8, 16, 64], 'bonjour')
>>> len(couple)
2
>>> t = couple + couple
>>> t
([2, 4, 8, 16, 64], 'bonjour', [2, 4, 8, 16, 64], 'bonjour')
>>> t[1]
'bonjour'
```

On peut aussi réaffecter un élément d'une liste existante avec une instruction du type `L[i] = ...`

Exemple :

```
>>> L = [0, 3, 7, 9, 12, 15, 18, 21]
>>> len(L)
8
```

Cours

```
>>> L[2]
7
>>> L[2] = 6
>>> L
[0, 3, 6, 9, 12, 18, 21]
```

Et les booléens ? Lorsque l'on teste une condition, à l'aide de l'un des opérateurs suivant, le résultat est un booléen.

Opérateur	Signification
==	« est égal à »
<	« est strictement inférieur à »
>	« est strictement supérieur à »
<=	« est inférieur ou égal à »
>=	« est supérieur ou égal à »
!=	« est différent de »

Exemple : Testons si 584 est divisible par 3 et si 255 est divisible par 5, puis vérifions que $584 > 255$ et que $2 \times 584 = 255 - 74$.

```
>>> a = 584
>>> b = 255
>>> a % 3 == 0        # le reste de la division eucl. de 584 par 3 vaut 0?
False               # 584 n'est donc pas divisible par 3
>>> b % 5 == 0        # le reste de la division eucl. de 255 par 5 vaut 0?
True                # 255 est donc divisible par 5
>>> a > b
True
>>> 2*b != a-74       # l'opérateur "!=" signifie "est différent de"
False
```

La valeur stockée dans une variable est susceptible de changer au fur et à mesure de l'exécution des instructions d'un algorithme. L'image mentale qu'on peut avoir d'une variable est celle d'un tiroir dans lequel on stocke une valeur, à laquelle on peut accéder quand on le souhaite et qu'on peut éventuellement remplacer par une autre valeur. Si on réaffecte une variable, l'ancienne valeur n'est pas gardée en mémoire.

Exemple :

```
>>> c = 2
>>> c = c ** 2        # c prend la valeur 2 au carré, donc 4
>>> c = c ** 2        # c prend la valeur 4 au carré, donc 16
>>> c = c ** 2        # c prend la valeur 16 au carré, donc 256
>>> print('c = ', c)
c = 256
```

On peut également affecter plusieurs variables en même temps, puis les réaffecter simultanément.

Exemple :

```
>>> a, b, c, d, e = 27, 12, 35, 4, 9
>>> a, b, c, d, e = d, e, b, a, c
>>> print(a, '<', b, '<', c, '<', d, '<', e)
4 < 9 < 12 < 27 < 35
```

■ Fonctions

Les fonctions Python sont définies à l'aide du mot-clef `def` : on donne un nom à la fonction et on précise ses éventuels paramètres (on indique () s'il n'y a pas de paramètre). On indique ensuite les différentes instructions à exécuter lors de l'appel de la fonction. Il n'y a aucun affichage si ce n'est pas explicitement demandé dans les instructions. On peut parfois utiliser `print` pour l'affichage.

Exemple : La fonction `dev` permet d'afficher le quotient et le reste de la division euclidienne d'un nombre a par un nombre b.
La fonction `affiche` n'a pas de paramètres et affiche simplement une chaîne de caractères.

```
>>> def div(a, b):
        print('le quotient de la division euclidienne de ',
            a, ' par ', b, ' vaut ', a // b)
        print('le reste de la division euclidienne de ',
            a, ' par ', b, ' vaut ', a % b)

>>> div(17, 5)
le quotient de la division euclidienne de 17 par 5 vaut 3
le reste de la division euclidienne de 17 par 5 vaut 2
>>> def affiche():
        print('texte a afficher')

>>> affiche()
texte a afficher
```

⚠ **Remarque :** On fera extrêmement attention à l'**indentation** (le retrait en début de ligne). Une erreur d'indentation peut empêcher le bon fonctionnement d'un programme.

On utilise `return` lorsque l'on souhaite interrompre l'exécution de l'algorithme et retourner un certain résultat.

Exemple : Fonction $x \longmapsto (5x-3)^2$.

```
>>> def fonction(x):
        v = 5 * x
        v = v - 3
        v = v ** 2
        return v
```

```
>>> fonction(0)
9
>>> fonction(2)
49
```

⚠ **Remarque :** Il est nécéssaire d'utiliser la commande `return` et non la fonction `print` afin de pouvoir exploiter les résultats.

```
>>> def fonction_bis(x):
        v = 5 * x
        v = v - 3
        v = v ** 2
        print(v)

>>> fonction_bis(0)
9
>>> fonction_bis(2)
49
```

Les résultats obtenus avec les fonctions `fonction` et `fonction_bis` semblent identiques, pourtant...

```
>>> fonction(2) < fonction(0)
False
>>> fonction_bis(2) < fonction_bis(0)
49
9
Traceback (most recent call last):
  File "<pyshell#16>", line 1, in <module>
    fonction_bis(2) < fonction_bis(0)
TypeError: '<' not supported between instances of 'NoneType' and 'NoneType'
>>> fonction(2) < fonction(0)
False
```

Lorsque l'instruction `fonction_bis(2) < fonction_bis(0)` est exécutée, l'appel `fonction_bis(2)` affiche la valeur 49, puis l'appel `fonction_bis(0)` affiche la valeur 9, enfin, les deux résultats sont comparés. Or la fonction `print` ne fait qu'afficher les résultats, sans les stocker, il n'y a donc rien à comparer !

■ Instruction conditionnelle (If)

Pour effectuer des instructions différentes en fonction de certaines conditions à vérifier on utilise la structure conditionnelle `If`. En language naturel cela s'écrit :

Si *Condition 1*
Instruction 1
Autre Si *Condition 2*
Instruction 2
Sinon
Instruction 3
Fin Si

En langage Python on utilise `if` pour « Si », on inscrit la condition à vérifier pour exécuter les instructions, puis « : » avant de donner les instructions à la ligne suivante.

Il n'y a pas de « Fin Si », c'est l'indentation qui indique si l'on est encore en train de donner des instructions ou non. Dans l'éventualité où il y aurait plusieurs cas à distinguer on utilise **`elif`** pour « Autre Si ». Enfin, on utilise **`else`** pour « Sinon ».

Exemple : Fonction qui teste la parité d'un nombre entier.

```
>>> def parite(n):
        if n % 2 == 0:        # reste de la div. eucl. de n par 2 vaut 0?
            print(n, " est pair")
        else:
            print(n, " est impair")

>>> parite(23)
23 est impair
>>> parite(16)
16 est pair
```

Remarque : Ce programme affiche un résultat très compréhensible mais celui-ci n'est pas utilisable par la suite puisque l'on a utilisé la fonction **`print`** (voir page 8). Pour pouvoir exploiter cette fonction dans d'autres programmes il est préférable d'utiliser **`return`** et de renvoyer un booléen.

```
>>> def est_pair(n):
        if n % 2 == 0:
            return True
        else:
            return False

>>> est_pair(23)
False
>>> est_pair(16)
True
```

L'utilisation d'instructions conditionnelles n'est en fait pas nécessaire dans ce cas particulier :

```
>>> def est_pair(n):
        return n % 2 == 0
>>> est_pair(23)
False
```

Exemple : Fonction qui teste deux entiers sont tous les deux impairs.

```
>>> def sont_impairs(n, m):
        if est_pair(n):
            return False
        elif est_pair(m):
            return False
        return True
```

Cours

```
>>> sont_impairs(5, 17) # aucune des deux conditions n'est verifiée ,
True                    # on sort de la structure "if" et on retourne True
>>> sont_impairs(7, 12) # la deuxième condition est verifiée ,
False                   # l'exécution s'arrête et on renvoie False
```

Exemple : Définissons une fonction qui, lorsqu'on saisit les coordonnées de 3 points A, B et C indique si le triangle ABC est rectangle ou non.
On définit une première fonction qui, lorsqu'on donne les coordonnées de deux points A et B, renvoie la longueur du segment $[AB]$.

```
>>> def norme(a, b):  # a et b ne sont pas des nombres mais les points A et B
        xa, ya = a      # on note (xa; ya) les coordonnées de A
        xb, yb = b      # on note (xb; yb) les coordonnées de B
        return sqrt((xb - xa)**2 + (yb - ya)**2)  # formule de la distance AB

>>> norme((-2, 2), (6, -4))
10
```

Remarque : L'utilisation de `sqrt` suppose que l'on a au préalable importé cette fonction du module `math` avec l'instruction `from math import sqrt` voire `from math import *` (voir page 4).

La fonction suivante, qui utilise la fonction `norme`, renvoie une chaîne de caractères indiquant si oui on non le triangle est rectangle :

```
>>> def est_rectangle(a, b, c):
        ab = norme(a, b)
        ac = norme(a, c)
        bc = norme(b, c)
        if bc**2 == ab**2 + ac**2:
            return 'ABC est rectangle en A'
        elif ac**2 == ab**2 + bc**2:
            return 'ABC est rectangle en B'
        elif ab**2 == ac**2 + bc**2:
            return 'ABC est rectangle en C'
        else:
            return "le triangle n'est pas rectangle"
            # utilisation des guillemets " pour permettre le caractère '
>>> a = (-2, 2)
>>> b = (2, 4)
>>> c = (6, -4)
>>> d = (-3, 5)
>>> est_rectangle(a, b, c)
'ABC est rectangle en B'
>>> est_rectangle(a, b, d)
"le triangle n'est pas rectangle"
```

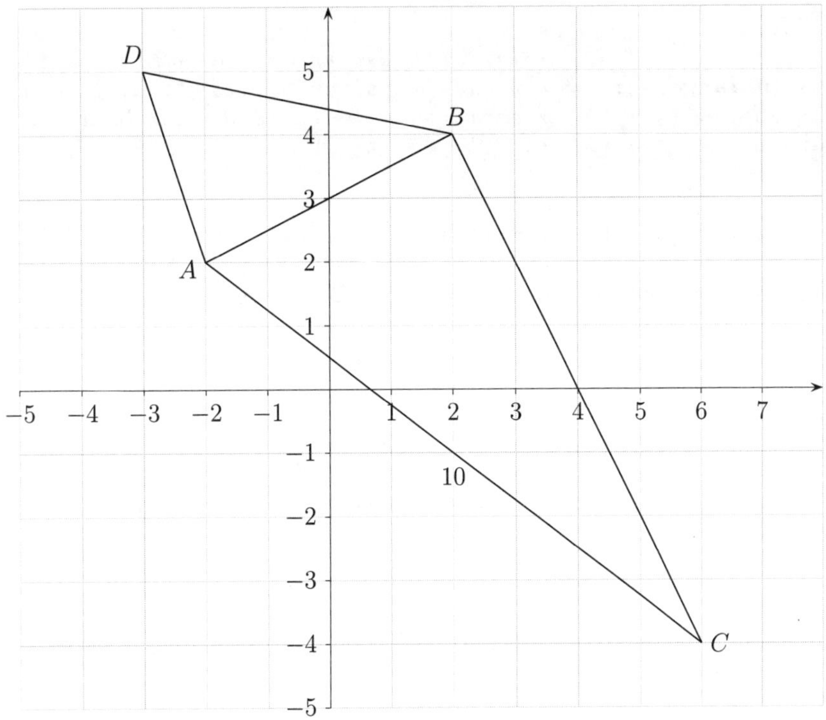

Boucle bornée (For)

Lorsque l'on souhaite répéter un certain nombre de fois une même instruction, on utilise une boucle bornée :

Pour *i* allant de 1 à *n*
Instructions
Fin Pour

Exemple : Calcul de la somme des n premier entiers.

```
>>> def somme(n):
        s = 0            # la somme est initialement nulle
        for i in range(n+1):     # i prend la valeur 0 puis 1,2,..., n
            s = s + i    # à chaque passage en boucle on ajoute i à la somme
        return s

>>> somme(3)
6
>>> somme(15)
120
```

⚠ **Remarques :** • `range(n)` correspond aux n premiers entiers, c'est-à-dire les entiers de 0 à $n-1$, il faut donc écrire `range(n+1)` si l'on souhaite aller jusqu'à n.

• `range(n,m)` correspond aux entiers de n à $m-1$. Ici aussi, attention aux indices !

Exemple : Liste des n premiers carrés.

```
>>> def carres(n):
        L = []              # initialement L est une liste vide
        for i in range(n):  # i prend la valeur 0 puis 1,2,..., n-1
            L.append(i ** 2) # on rajoute le carré de i à la liste
        return L

>>> carres(16)
[0, 1, 4, 9, 16, 25, 36, 49, 64, 81, 100, 121, 144, 169, 196, 225]
```

On peut aussi choisir de parcourir une séquence plutôt que d'utiliser la fonction `range`.

Exemple : Fonction qui augmente la valeur de chaque terme d'une liste de 1 :

```
>>> def ajout(L):
        liste = []              # on part d'une liste vide
        for element in L:       # on parcourt chaque élément de L
            liste.append(element + 1)  # on ajoute cet élément augmenté de 1
        return liste

>>> seq = [1, 3, 4, -2, 5]
>>> ajout(seq)
[2, 4, 5, -1, 6]
```

Exemple : Fonction qui retire toutes les lettres e d'une chaîne de caractères :

```
>>> def sans_e(ch):
        chaine = ''                 # on part d'une chaîne vide
        for caractere in ch:        # on parcourt chaque élément de ch
            if caractere != 'e':         # si l'élément n'est pas un e
                chaine = chaine + caractere     # on l'ajoute à la chaîne
        return chaine

>>> phrase = 'cette chaine comporte des e à plusieurs endroits'
>>> sans_e(phrase)
'ctt chain comport ds  à plusiurs ndroits'
```

Exemple : Fonction qui donne la liste des nombres présents dans un tuple :

```
>>> def liste_nb(uplet):
        L = []              # on part d'une liste vide
        for element in uplet:   # on parcourt chaque élément du tuple
            if type(element) == int:    # si cet élément est un entier
                L.append(element)       # alors on l'ajoute à L
        return L

>>> quadruplet = (2, 'mot', 8, 'chaine')
>>> liste_nb(quadruplet)
[2, 8]
```

■ Boucle non bornée (While)

Lorsque l'on souhaite répéter une instruction sous une certaine condition, on utilise une boucle non bornée :

Tant que *Condition*   *Instructions* **Fin Tant que**

Remarque : Il faut être vigilant avec ce type de boucle : il faut s'assurer que la condition donnée ne sera plus vérifiée au bout d'un moment. En effet, l'exécution de l'algorithme prend fin uniquement lorsque que la condition n'est plus vérifiée. En cas d'erreur, on pourra en général utiliser la combinaison [CTRL] + [C] pour interrompre l'exécution d'un programme qui ne terminerait pas.

Exemple : Algorithme de Syracuse. Présentation en langage naturel :

$c \longleftarrow 0$
Tant que $n \neq 1$
    Si n est pair
        $n \longleftarrow n/2$
        $c \longleftarrow c+1$
    Sinon
        $n \longleftarrow 3n+1$
        $c \longleftarrow c+1$
    Fin Si
Fin Tant que
Retourner c

Remarque : Attention, au premier abord cet algorithme pourrait ne jamais se terminer ! En effet, comment être sûr que la variable `n` finira bien par prendre la valeur 1 ?

<u>Conjecture de Syracuse</u> : Peu importe le choix de `n`, cet algorithme termine. Il ne s'agit que d'une conjecture, elle n'a pour l'instant pas pu être démontrée.

```
>>> def syracuse(n):
        c = 0          # c est un compteur : il indiquera le nb d'étapes
        while n != 1:          # l'opérateur "!=" signifie "différent de"
          if est_pair(n):    # la fonction est_pair a déjà été programmée
            n = n / 2
            c = c + 1  # à chaque passage en boucle le compteur augmente de 1
          else:
            n = 3*n + 1
            c = c + 1
        return c

>>> syracuse(15)
17
>>> syracuse(100)
25
```

Cours

Remarque : On a pu utiliser la fonction `est_pair` puisqu'elle renvoie un booléen.
Par exemple si `n = 15` alors `est_pair(n)` contient la valeur `False`. Au premier passage en boucle, ce sera donc l'instruction `n = 3*n + 1` qui sera exécutée.

On aurait aussi bien pu écrire un programme qui donne la liste des valeurs successives prises par n :

```
>>> def syrac(n):
        L = [n]
        while n != 1:
            if est_pair(n):
                n = n / 2
            else:
                n = 3*n + 1
            L.append(n)  # on ajoute la nouvelle valeur de n à la liste L
        return L

>>> syrac(15)
[15, 46, 23.0, 70.0, 35.0, 106.0, 53.0, 160.0, 80.0, 40.0, 20.0, 10.0, 5.0,
16.0, 8.0, 4.0, 2.0, 1.0]
>>> syrac(100)
[100, 50.0, 25.0, 76.0, 38.0, 19.0, 58.0, 29.0, 88.0, 44.0, 22.0, 11.0, 34.0,
17.0, 52.0, 26.0, 13.0, 40.0, 20.0, 10.0, 5.0, 16.0, 8.0, 4.0, 2.0, 1.0]
```

Remarque : Le traitement des listes Python peut être effectué en utilisant d'autres « méthodes » comme par exemple `extend` ou `insert`.
Ce n'est pas l'objet de ce cours, nous nous sommes ici limités à l'utilisation de la méthode `append`.

■ Complément : les modules random et turtle

Le module random

Dans le module `random` on trouve les fonctions `random` et `randint` :

- `random()` génère un nombre aléatoire compris entre 0 et 1
- `randint(n, m)` génère un nombre **entier** aléatoire compris entre `n` et `m` inclus.

```
>>> from random import random, randint  # voire import *
>>> random()
0.8735856796188826
>>> random()
0.18940821101229155
>>> randint(0, 10)
3
>>> randint(0, 10)
0
>>> randint(0, 10)
7
>>> randint(0, 10)
6
>>> randint(0, 10)
4
```

Le module turtle

Le module `turtle` permet de tracer des figures, comme on le ferait avec un stylo.
La « tortue » (pointe du stylo) est initialement placée à l'origine d'un repère, la « tête » orientée à droite, et se déplace sur le graphique en fonction des instructions qu'on lui donne.

Les principales instructions sont les suivantes :

Instruction	Effet
`forward(n)` ou `fd(n)`	avance de `n` pixels
`back(n)` ou `bk(n)`	recule de `n` pixels
`left(x)` ou `lt(x)`	tourne à gauche de `x` degrés
`right(x)` ou `rt(x)`	tourne à droite de `x` degrés
`undo()`	annule la dernière action
`penup()` ou `up()`	lève le stylo : n'écrit plus lors des déplacements
`pendown()` ou `down()`	pose le stylo : écrit lors des déplacements
`goto(x, y)`	va au point de coordonnées `(x, y)`
`pensize(n)` ou `width(n)`	fixe l'épaisseur du trait à `n` pixels
`color(r, v, b)` ou `color('red')`	change la couleur selon le code RVB ou en rouge
`colormode(255)` ou `colormode(1)`	code RVB sur une échelle de 0 à 255 ou bien de 0 à 1
`speed(n)`	modifie la vitesse, sur une échelle de 1 à 10
`speed(0)`	le plus rapide
`hideturtle()` ou `ht()`	cache la « tortue » (le curseur)
`showturtle()` ou `st()`	montre la « tortue » (le curseur)
`clear()`	efface l'écran mais ne modifie pas le stylo
`reset()`	efface, recentre le stylo, réinitialise les paramètres
`pen()`	renvoie l'ensemble des paramètres du stylo

Exemple : Le flocon de Von Koch s'obtient en partant d'un triangle équilatéral, puis en modifiant successivement chaque arête de la façon suivante :

- On divise l'arête en 3
- On construit un triangle équilatéral ayant pour base le segment du milieu
- On ôte le segment du milieu
- On effectue de nouveau ces étapes sur chacune des arêtes obtenues

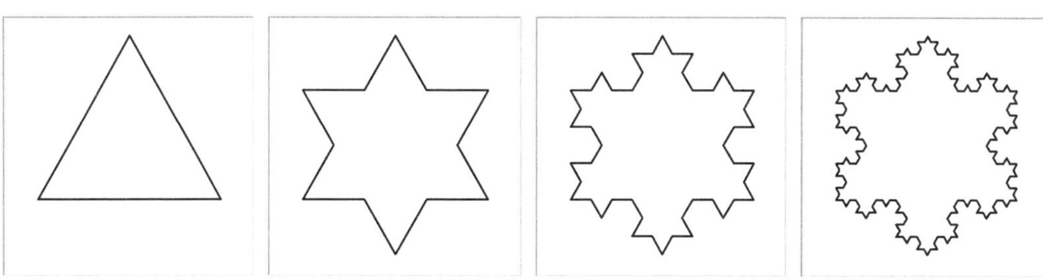

Étape 0 Étape 1 Étape 2 Étape 3

FIGURE 1.1: Étapes de construction d'un flocon de Von Koch

Nous allons commencer par écrire une première fonction qui permet de construire l'un des trois côtés jusqu'à l'étape `n`, avec la largeur souhaitée. Cette fonction sera **récursive**, c'est-à-dire qu'elle fait appel à elle-même. En effet, pour construire un côté jusqu'à l'étape `n`, il faut construire 4 motifs de largeur 3 fois plus petite, jusqu'à l'étape `n-1`, comme décrit sur la figure suivante :

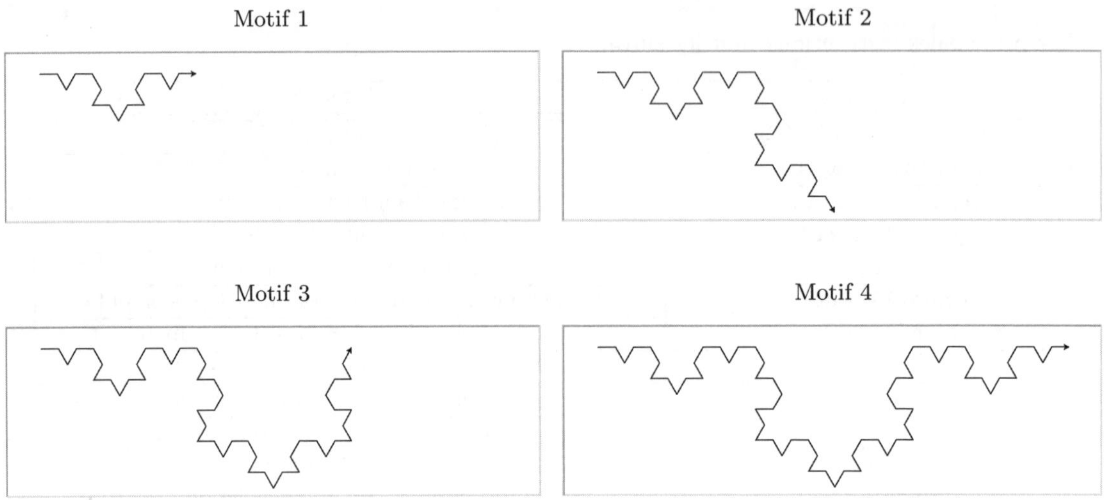

FIGURE 1.2: Construction d'un côté à partir de motifs plus petits

```
>>> from turtle import *          # import des fonctions du module turtle
>>> def branche(largeur, n):
        if n == 0 :
            forward(largeur)      # à l'étape 0 on trace un simple trait
        else:
            branche(largeur/3, n-1)       # Construction du motif 1
            right(60)
            branche(largeur/3, n-1)       # Construction du motif 2
            left(120)
            branche(largeur/3, n-1)       # Construction du motif 3
            right(60)
            branche(largeur/3, n-1)       # Construction du motif 4
```

Pour obtenir le flocon complet, il faut construire chacun des trois côtés du flocon, en effectuant une rotation de 120° entre chaque construction. Ce qui donne la fonction suivante :

```
>>> def flocon(largeur, n):
        reset()
        pensize(2)              # fixe l'épaisseur du trait
        speed(0)                # accélère le tracé
        branche(largeur, n)        # Côté 1
        left(120)
        branche(largeur, n)        # Côté 2
        left(120)
        branche(largeur, n)        # Côté 3
        hideturtle()            # fait disparaître le curseur
```

FIGURE 1.3: Flocon à l'étape 4 obtenu avec flocon(800, 4)

Cours

Vrai/Faux

	Vrai	Faux
1. Lorsqu'on exécute un programme, on obtient toujours un résultat qui s'affiche.	☐	☐
2. Si `L = [7, 3, 8, -1, 4]` alors `L[2]` contient la valeur 8.	☐	☐
3. Lorsqu'on écrit `for i in range(n)`, `i` va parcourir `n` valeurs	☐	☐
4. `16.0` est de type `int`	☐	☐
5. Si `a = 2,164` alors `a` est de type `float`.	☐	☐
6. Les résultats obtenus avec les fonctions définies ci-dessous sont identiques :	☐	☐

```
def fonction1(x):
    a = 3 + x
    b = a ** 2
    c = 5 * b
    return c

def fonction2(x):
    x = 3 + x
    x = x ** 2
    x = 5 * x
    return x
```

	Vrai	Faux
7. Une fonction possède au minimum 1 paramètre.	☐	☐
8. Lorsque l'on lance l'exécution d'un programme, même si c'est un peu long, on est sûr que cela se terminera au bout d'un moment.	☐	☐
9. Un même problème peut être résolu en utilisant des algorithmes différents.	☐	☐
10. Le résultat de l'instruction `fun(1, 3)` sera 16.	☐	☐

```
>>> def fun(a, b):
        s = a + b
        return s
        c = s ** 2
        return c

>>> fun(1, 3)
```

Énoncé des exercices

Exercice 1.1 : Une entreprise fournit des ramettes de papier à prix dégressif en fonction du nombre de lots achetés : les 50 premiers lots sont vendus 3,68€, au-delà chaque lot est vendu 3,22€. Écrire une fonction `prix` qui lorsqu'on saisit le nombre de lots achetés renvoie le prix à payer.

Exercice 1.2 : Un cinéma propose un pass mensuel à 15€ permettant d'obtenir une réduction sur le prix des séances : sans réduction la séance est à 8,70€, alors qu'avec le pass la séance est à 5,50€. Compléter le programme suivant afin que `abo(n)` renvoie un couple indiquant s'il est plus avantageux de prendre le pass ou non, ainsi que le prix total à payer, pour `n` séances dans le mois.

```
def abo(n):
    sans_abo = 8.7 * n
    avec_abo = ....
    if ........ < ........:
        return 'avec abonnement', ....
    else:
        return ........
```

Exercice 1.3* : On suppose que l'on dispose de la fonction `abo` définie dans l'exercice précédent. Écrire une fonction `avantage` telle que `avantage()` renvoie le nombre de séances à partir duquel le pass devient avantageux.

Exercice 1.4* : Voici un algorithme écrit en langage naturel. Chercher « à la main » la valeur des variables a et b à l'issue de l'exécution de l'algorithme, puis traduire cet algorithme en un programme dans le langage Python afin de vérifier ces résultats.

```
a ⟵ −1
b ⟵ 2
Pour  i allant de 1 à 8
    a ⟵ b − a + i
    b ⟵ 2a + 1
Fin Pour
```

Exercice 1.5 : Que fait la fonction `cherche` définie ci-dessous ?

```
def cherche(L):
    longueur = len(L)
    m = L[0]
    for i in range(1, longueur):
        if L[i] > m:
            m = L[i]
    return m
```

Exercice 1.6 : Modifier le programme précédent afin que la valeur renvoyée soit un couple contenant le plus petit et le plus grand élément d'une liste non vide.

Exercice 1.7 : Que fait la fonction `div` définie ci-après ? Que renvoie `div(28)` ?

Exercices

```
def div(n):
    L = []
    for i in range(1, n+1):
        if n % i == 0:
            L.append(i)
    return L
```

Exercice 1.8 : Que fait la fonction suivante ?

```
>>> def cbdf(char, chaine):
        c = 0
        for caractere in chaine:
            if caractere == char:
                c = c + 1
        return c
```

Exercice 1.9* : Écrire une fonction `concat` telle que `concat(L1, L2)` concatène les listes `L1` et `L2`, c'est-à-dire renvoie une liste formée des éléments de `L1` et `L2` mis bout à bout.

Exercice 1.10* : La suite de Fibonacci se construit comme ceci :
les deux premiers termes valent 1, puis, chaque terme est la somme des deux précédents.
Ainsi, le troisième terme vaut $1 + 1 = 2$, le quatrième vaut $1 + 2 = 3$ (la somme du second et du troisème terme), etc. On peut par exemple écrire $F(1) = 1$, $F(2) = 1$, $F(3) = 1 + 1 = 2$, $F(4) = 1 + 2 = 3$, $F(5) = 2 + 3 = 5$, etc.

Compléter les 3 programmes suivants qui permettent tous, mais selon des algorithmes différents, de calculer le n-ième terme de la suite de Fibonacci.

• `fib1(n)` construit la liste des `n` premiers termes de la suite de Fibonacci, puis renvoie le dernier terme de cette liste :

```
def fib1(n):
    if n == 1 or n == 2:
        return ....
    else:
        F = ........            # liste des deux premiers termes
        for i in range(1, ...):
            a = ............    # calcul du terme suivant
            ............        # ajout du terme dans la liste
        return ......
```

• `fib2` calcule de proche en proche le couple des deux derniers termes :

```
def fib2(n):
    if ................:
        return ....
    else:
        a, b = 1, 1          # couple des deux derniers termes calculés
        for i in range(..........):
            t = a + b        # nouveau terme calculé
            a, b = b, t      # les deux derniers termes sont désormais b et t
        return b
```

• `fib3` ne construit pas de liste, mais fait appel à elle-même pour calculer les deux termes précédents et les additionner :

```
def fib3(n):
    if ...............:
        return ....
    else:
        return fib3(.................
```

Saisir ces 3 programmes, puis calculer avec chacun d'eux les valeurs du 10ème et du 38ème termes de la suite de Fibonacci. Que constate-t-on ?
On pourra faire des essais avec d'autres termes, en évitant de dépasser le 40ème.

Exercice 1.11* : On cherche à déterminer une valeur approchée à 10^{-16} du nombre d'or.
Pour cela on utilise la propriété suivante : le quotient des termes consécutifs de la suite de Fibonacci (voir exercice 1.10), c'est-à-dire $\frac{F(n+1)}{F(n)}$, tend vers le nombre d'or.

Autrement dit, n devenant très grand, $\frac{F(n+1)}{F(n)}$ se rapproche du nombre d'or.

On admet que l'écart entre deux quotients successif est décroissant.

Il convient donc de déterminer ces quotients, et lorsque les valeurs sont suffisamment proches les unes des autres (écart inférieur à 10^{-16}), renvoyer la dernière valeur de quotient calculée.

Compléter, puis exécuter, le programme suivant :

```
def nbdor():
    F = ..........    # liste des premiers termes de la suite de Fibonacci
    Phi = ........    # liste contenant les premiers quotients F(n+1) / F(n)
    n = 2
    while abs(Phi[n-1] - Phi[n-2]) > ............:  # abs = valeur absolue
        a = ............           # calcul de F(n+1)
        ................           # on complète la liste F avec le terme F(n+1)
        q = ............           # on calcule F(n+1) / F(n)
        Phi.append(q)              # on complète la liste des quotients
        n = ........
    return ........
```

Exercice 1.12* : Écrire une fonction `lancers` telle que `lancers(n)` simule `n` lancers d'un dé équilibré à 6 faces et renvoie le résultat sous forme de liste.

Exercice 1.13 : Écrire une fonction `piece` telle que `piece(n)` simule `n` lancers d'une pièce équilibrée et renvoie la fréquence de « faces » observées.

Exercice 1.14* : Écrire une fonction `truquee` telle que `truquee(n, p)` simule `n` lancers d'une pièce truquée, dont la probabilité de faire « face » vaut `p`, et renvoie la fréquence de « faces » observées.

Exercices

Exercice 1.15 : On a définit la fonction `trace` ci-dessous.

```
>>> from turtle import *
>>> def trace(n, larg):
    reset()
    for i in range(1, n+1):
        left(90)
        forward(larg * i)
        left(90)
        forward(larg * i)
```

1. Que va faire l'instruction `trace(16, 20)` ?
2. Modifier la fonction `trace` afin d'obtenir un tracé plus épais, un peu plus rapide, et pourquoi pas en effectuant un dégradé en niveaux de gris.

Exercice 1.16 : Compléter le programme suivant de sorte que la fonction `spirale_triangle` trace des triangles en spirale. `n` correspond au nombre de côtés, `larg` est la largeur de départ et `e` est l'épaisseur du trait. Enfin, on ne souhaite pas voir apparaître le curseur à la fin du tracé.

```
>>> def spirale_triangle(n, larg, e):
        ........
        ........
        for i in ........:
            forward(........)
            ........
        ........
```

Indications

Ex. 1.3

C'est le premier élément renvoyé par la fonction `abo` (celui d'indice 0) qui indique s'il est plus avantageux de prendre un abonnement ou non. Par exemple `abo(2)[0] == 'sans abonnement'` tandis que `abo(7)[0] == 'avec abonnement'`. De plus, le pass devient avantageux **à partir** d'un certain nombre de séances, on utilisera donc une boucle `while`.

Ex. 1.4

On pourra compléter le tableau suivant en renseignant la valeur de chaque variable à chaque étape de l'algorithme :

i									
a									
b									

Dans le programme Python, il faut bien faire attention aux indices utilisés avec la fonction `range`.

Ex. 1.9

On pourra compléter, au choix, l'un des deux programmes suivants :

```
def concat(L1, L2):
    L = ....
    long1 = ....(L1)
    long2 = ....(L2)
    for i in range(long1):
        L.append(....)
    for j in .......:
        L.append(....)
    return ....
```

```
def concat(L1, L2):
    L = ....
    for e in L1:
        L.append(....)
    for f in ....:
        L.append(....)
    return ....
```

Ex. 1.10

Avec davantage d'indications :

```
def fib1(n):
    if n == 1 or n == 2:     # F(1) = .... et F(2) = ....
        return ....
    else:
        F = [..., ...]       # les deux premiers termes valent ....
        for i in range(1, ...): # complétons la liste jusqu'au n-ème terme
            a = ............   # calcul du terme suivant
            F.append(a)      # ajout du terme dans la liste
        return ......        # on renvoie le dernier terme de la liste
```

Exercices

```
def fib2(n):
    if ................:
        return ....
    else:
        a, b = 1, 1            # couple des deux derniers termes calculés
        for i in range(..........):
            t = a + b          # nouveau terme calculé
            a, b = b, t        # les deux derniers termes sont désormais b et t
        return b
```

```
def fib3(n):
    if ...............:
        return ....
    else:
    return fib3(......) + fib3(......)
```

Ex. 1.11

On pourra s'inspirer de la fonction `fib1` de l'exercice précédent.

```
def nbdor():
    F = [..., ..., ...] # liste des premiers termes de la suite de Fibonacci
    Phi = [..., ...]    # liste des premiers quotients F(2)/F(1) et F(3)/F(2)
    n = 2
    while abs(Phi[n-1] - Phi[n-2]) > ............: # précision à 10^(-16)
        a = ...........            # F(n+1) = F(n) + F(n-1)
        ................           # on complète la liste F avec le terme F(n+1)
        q = .... / ....            # on calcule F(n+1) / F(n)
        Phi.append(q)              # on complète la liste des quotients
        n = ........
    return ........     # lorsque les quotients sont suffisamment proches,
                        # on renvoie la dernière valeur calculée
```

Ex. 1.12

Penser à importer la fonction désirée du module `random`.

Ex. 1.14

Compléter ce qui suit :
`random()` génère un nombre aléatoire compris entre .... et ...., donc `random() + 0.3` génère un nombre aléatoire compris entre .... et .... .
La partie entière de ce dernier vaut donc 0 avec une probabilité de .... ou bien 1 avec une probabilité de .... .

Remarque : La partie entière d'un nombre `x` peut s'obtenir avec `int(x)`.

Corrigé des vrai/faux

1	2	3	4	5	6	7	8	9	10
F	V	V	F	F	V	F	F	V	F

1. Si le programme ne contient aucune instruction d'affichage (`print` ou `return`), il n'affiche aucun résultat. Lorsqu'on affecte une valeur à une variable, ou qu'on modifie une liste avec l'instruction `append`, l'opération est bien effectuée mais il n'y a pas d'affichage pour le montrer.

3. Les valeurs parcourues seront 0, 1,..., $n-1$.

4. `16.0` est de type `float`. C'est `16` (sans la virgule) qui est de type `int`.

5. Attention à la mauvaise utilisation de la virgule ! Si `a = 2,164` alors a est un couple d'entiers (type `tuple`). Cette instruction est identique à l'instruction `a = (2, 164)`. Si l'on souhaitait affecter le nombre décimal $2,164$ à `a` il aurait fallu utiliser le point et non la virgule : `a = 2.164`

6. `fonction1` utilise quatre variables alors que `fonction2` n'en utilise qu'une dont la valeur est modifiée à chaque instruction, mais le résultat final est identique.

7. La fonction `epidemie` ci-dessous n'a pas de paramètre. Elle peut servir à déterminer, lors d'une épidémie, au bout de combien de temps on aura atteint les 10 000 cas, sachant qu'au jour 0 on décompte 8 cas et que le nombre d'individus atteints double chaque jour.

```
>>> def epidemie():
        malades = 8
        jour = 0
        while malades < 10000:
            malades = 2 * malades
            jour = jour + 1
        return jour

>>> epidemie()
11
```

Il y aura plus de 10 000 individus atteints au bout de 11 jours !

8. Attention avec les boucles `while`, dont l'exécution se poursuis **tant que** la condition mentionnée est vérifiée. Si cette condition est toujours vérifiée, le programme n'a aucune raison de terminer. Par exemple, si on a oublié le signe - dans la condition et on a écrit :

```
n = 1
while 1 / n < 10 ** 4:
    ...
    n = n + 1
```

Au lieu de :

Corrigé

```
n = 1
while 1 / n < 10 ** (-4):
    ...
    n = n + 1
```

Alors l'exécution du programme ne pourra pas se terminer puisque quel que soit $n \geq 1$, $\frac{1}{n} < 10^4$. Dans ce cas, la combinaison CTRL + C devrait permettre d'interrompre l'exécution.

9. Voici deux façons de définir des fonctions qui calculent la factorielle $n!$ d'un nombre n. Sachant que :

$$n! = 1 \times 2 \times ... \times (n-1) \times n$$

Par exemple, $3! = 1 \times 2 \times 3 = 6$ et $5! = 1 \times 2 \times 3 \times 4 \times 5 = 120$.
En multipliant tous les termes de 1 jusqu'à n on obtient le programme suivant :

```
>>> def fact(n):
        res = 1
        for i in range(2, n+1):
            res = res * i
        return res

>>> fact(8)
40320
```

Mais en remarquant que $n! = \underbrace{1 \times 2 \times ... \times (n-1)}_{(n-1)!} \times n = (n-1)! \times n$, on peut aussi écrire une fonction dite **récursive** (c'est-à-dire qui fait appel à elle-même) :

```
>>> def fact_rec(n):
        if n == 1:
            return 1
        else:
            return fact_rec(n-1) * n

>>> fact_rec(8)
40320
```

10. La fonction `return` interrompt l'exécution du programme avant de renvoyer la valeur demandée. Ainsi, lorsqu'on exécute l'instruction `fun(1, 3)`, on affecte la valeur 4 à la variable `s`, puis l'exécution est interrompue par return, et le résultat renvoyé est 4.
Les deux dernières instructions de la fonction ne seront jamais exécutées.

Corrigé des exercices

Exercice 1.1

```
def prix(n):
    if n <= 50:
        return n * 3.68
    else:
        return 50*3.68 + (n-50)*3.22
```

Exercice 1.2

```
def abo(n):
    sans_abo = 8.7 * n
    avec_abo = 15 + 5.5*n
    if avec_abo < sans_abo:
        return 'avec abonnement', avec_abo
    else:
        return 'sans abonnement, ss_abo

>>> abo(2)
('sans abonnement', 17.4)
>>> abo(7)
('avec abonnement', 53.5)
```

Exercice 1.3

```
def avantage():
    nb = 0
    while abo(nb)[0] == 'sans abonnement':
        nb = nb + 1
    return nb

>>> avantage()
5
```

Exercice 1.4

À la fin de l'exécution, $a = 46$ et $b = 93$. Voici le détail des passages dans la boucle for :

i		1	2	3	4	5	6	7	8
a	-1	4	7	11	16	22	29	37	46
b	2	9	15	23	33	45	59	75	93

```
>>> a = -1
>>> b = 2
>>> for i in range(1, 9)          # de 1 à 8 !
        a = b - a + i
        b = 2 * a + 1

>>> a, b
(46, 93)
```

Exercice 1.5

`cherche(L)` renvoie le plus grand élément de la liste `L` (supposée non vide).

Exercice 1.6

```
def min_max(L):
    longueur = len(L)
    mini = L[0]
    maxi = L[0]
    for i in range(1, longueur):
        if L[i] > maxi:
            maxi = L[i]
        if L[i] < mini:
            mini = L[i]
    return (mini, maxi)
```

Exercice 1.7

`div(n)` renvoie la liste des diviseurs de `n`.
`div(28)` contient la liste `[1, 2, 4, 7, 14, 28]`.

Exercice 1.8

`cbdf(char, chaine)` compte combien de fois le caractère `char` apparaît dans `chaine`.

```
>>> cbdf('e', 'une chaîne avec la lettre e')
6
```

Exercice 1.9

Voici deux solutions possibles :

```
def concat(L1, L2):
    L = []
    long1 = len(L1)
    long2 = len(L2)
    for i in range(long1):
        L.append(L1[i])
    for j in range(long2):
        L.append(L2[j])
    return L
```

```
def concat(L1, L2):
    L = []
    for e in L1:          # on parcourt chaque élément de L1
        L.append(e)           # qu'on ajoute un à un
    for f in L2:          # on parcourt chaque élément de L2
        L.append(f)           # qu'on ajoute un à un
    return L
```

Exercice 1.10

```
>>> def fib1(n):
        if n == 1 or n == 2:     # F(1) = 1 et F(2) = 1
            return 1
        else:
            F = [1, 1]         # les deux premiers termes valent 1
            for i in range(1, n-1): # complétons jusqu'au n-ème terme
                a = F[i] + F[i-1]   # calcul du terme suivant
                F.append(a)      # ajout du terme dans la liste
            return F[n-1]        # on renvoie le dernier terme de la liste

>>> fib1(10)
55
>>> fib1(38)
39088169
```

```
>>> def fib2(n):
        if n == 1 or n == 2:
            return 1
        else:
            a, b = 1, 1          # couple des deux derniers termes calculés
            for i in range(1, n-1):
                t = a + b    # nouveau terme calculé
                a, b = b, t # les deux derniers termes sont désormais b et t
            return b

>>> fib2(10)
55
>>> fib2(38)
39088169
```

```
>>> def fib3(n):
        if n == 1 or n == 2:
            return 1
        else:
            return fib3(n-1) + fib3(n-2)

>>> fib3(10)
55
>>> fib3(38)
39088169
```

À première vue, ces 3 programmes produisent le même résultat et sont donc comparables. Pourtant l'un d'eux est inutilisable en pratique!

En effet, la fonction la plus simple à programmer est la fonction `fib3`, c'est la version la plus courte à écrire mais aussi la plus intuitive (il s'agit d'une fonction récursive).
Cependant, on remarque que la valeur `fib3(38)` a mis une dizaine de secondes à s'afficher, il faudrait plusieurs minutes pour afficher `fib3(44)`, et plus n est important, plus il faut de temps pour calculer `fib3(n)`.

Corrigé

On dit que la **complexité en temps** est importante. Cela vient des multiples appels à la fonction : pour calculer `fib3(38)` il faut avoir calculé `fib3(37)` et `fib3(36)`, mais pour calculer `fib3(37)` il faut calculer `fib3(36)` et `fib3(35)`, et pour calculer `fib3(36)` il faut calculer `fib3(35)` et `fib3(34)`, etc. Au final, `fib3(36)` sera calculé 2 fois, `fib3(35)` sera calculé 3 fois, `fib3(34)` sera calculé 5 fois, etc.

Dans le cas de `fib1` et de `fib2`, c'est la **complexité en espace** qui est différente : `fib1` construit une liste contenant <u>tous les termes</u> tandis que `fib2` ne manipule qu'un couple d'entiers. Ainsi, pour calculer le 1000ème terme, `fib1` aura construit une liste à 1000 éléments, ce qui utilise beaucoup d'espace de stockage, contre seulement 2 éléments pour `fib2`.
En conclusion, parmi ces 3 possibilités, la fonction `fib2` est la plus performante puisqu'elle a une complexité en temps et une complexité en espace inférieures aux deux autres.

Exercice 1.11

```
>>> def nbdor():
        F = [1, 1, 2]          # liste des termes de la suite de Fibonacci
        Phi = [1, 2]           # liste contenant les quotients F(n+1) / F(n)
        n = 2
        while abs(Phi[n-1] - Phi[n-2]) > 10 ** (-16):    # voir remarque
            a = F[n] + F[n-1]            # F(n+1) = F(n) + F(n-1)
            F.append(a)                  # on complète F avec le terme F(n+1)
            q = F[n+1] / F[n]            # on calcule F(n+1) / F(n)
            Phi.append(q)                # on complète la liste des quotients
            n = n + 1
        return Phi[n-1]        # lorsque les quotients sont suffisamment proches
                               # on renvoie la dernière valeur calculée
>>> nbdor()       # donne une valeur approchée a 10^(-16) du nombre d'or
1.618033988749895
```

Remarque : Concernant la condition `abs(Phi[n-1] - Phi[n-2]) > 10 ** (-16)`, on utilise la fonction `abs` qui donne la valeur absolue d'un nombre (`abs(4.587)=4.587`, `abs(-53.12)=53.12`), et on considère les termes d'indice `n-1` et `n-2`.
En effet, lorsqu'on entre dans la boucle while, la valeur initiale de `n` est 2, et `Phi = [1, 2]`.
Il faut donc comparer `Phi[1]` et `Phi[0]`, c'est-à-dire `Phi[n-1]` et `Phi[n-2]`.
Si l'écart entre les deux dernières valeurs de la liste `Phi` est encore trop important ($> 10^{-16}$), on continue à construire les listes `F` et `Phi`. Sinon, on s'arrête et renvoie la dernière valeur calculée.

Exercice 1.12

```
>>> from random import randint
>>> def lancers(n):
        liste = []
        for i in range(n):
            jet = randint(1, 6)
            liste.append(jet)
        return liste

>>> lancers(20)
[4, 4, 2, 4, 6, 1, 1, 2, 3, 3, 1, 6, 4, 6, 4, 3, 6, 4, 6, 5]
```

Exercice 1.13

```
>>> from random import randint
>>> def piece(n):
        c = 0
        for i in range(n):
            jet = randint(0, 1)
                if jet == 1:
                    c = c+1
        return c / n

>>> piece(4)
0.75
>>> piece(400)
0.5225
>>> piece(4000)
0.49175
>>> piece(400000)
0.5002625
```

Exercice 1.14

```
>>> from random import random
>>> def truquee(n, p):
        c = 0
        for i in range(n):
            jet = int(random() + p)
            if jet == 1:
                c = c + 1
        return c / n

>>> truquee(10, 0.3)
0.4
>>> truquee(1000, 0.3)
0.32
>>> truquee(100000, 0.3)
0.30126
```

Exercice 1.15

1. `trace(16, 20)` trace une spirale carrée de 16 demi-tours, en partant d'un trait de 20 pixels.

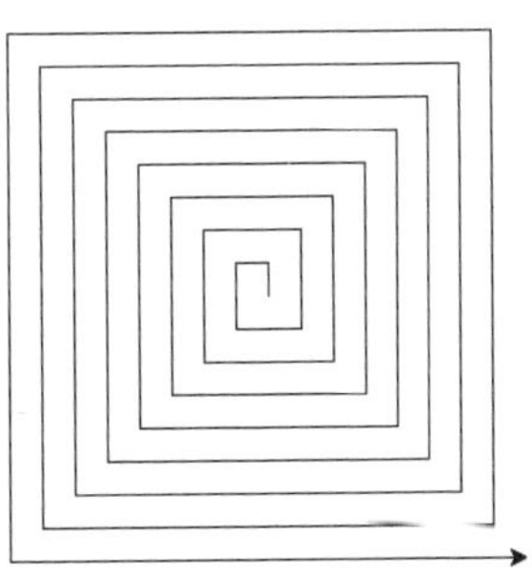

FIGURE 1.4: trace(16, 20)

Corrigé

2. Pour le dégradé en niveaux de gris, on part du code RVB du blanc sur une échelle de 0 à 1 : (1, 1, 1) et on diminue chaque composante progressivement jusqu'à atteindre le code RVB (0, 0, 0) correspondant au noir.

```
>>> def trace_degrade(n, larg):
        reset()
        colormode(1)          # choix du code RVB sur une échelle de 0 à 1
        speed(8)              # vitesse 8
        pensize(3)            # épaisseur du trait
        for i in range(1, n+1):
            color(1 - i/n, 1 - i/n, 1 - i/n)     # on soustrait 1/n
            left(90)                             # à chaque passage en boucle
            forward(larg * i)
            left(90)
            forward(larg * i)
```

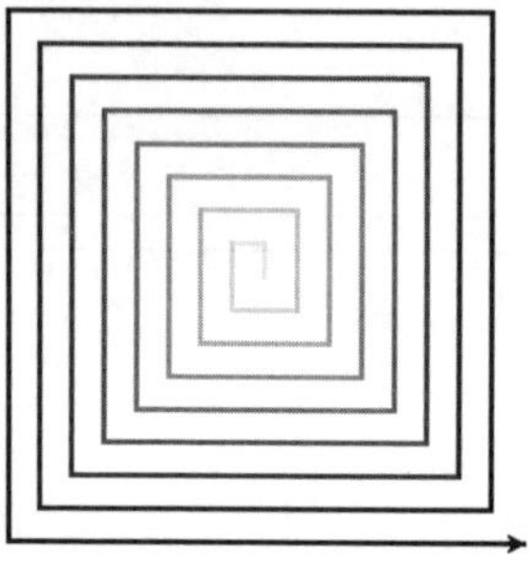

FIGURE 1.5: trace_degrade(16, 20)

Remarque : Pour plus de simplicité, on utilise les codes RVB sur une échelle de 0 à 1. Dans le chapitre 8 nous étudierons plus en détail les codes RVB sur une échelle de 0 à 255.

Exercice 1.16

```
>>> def spirale_triangle(n, larg, e):
        reset()
        pensize(e)
        for i in range(1, n+1):      # i allant de 1 à n
            forward(larg * i)
            left(120)
        hideturtle()
```

FIGURE 1.6: spirale_triangle(16, 20, 2)

Chapitre 2

Internet

Au début de l'informatique, l'ordinateur était une simple machine, certes toute puissante, permettant de calculer ou de classifier des données très rapidement. Les mettre en réseaux, d'abord au sein d'un même laboratoire de recherche ou d'une même entreprise, permettait avant tout d'échanger des documents. On n'imaginait pas à l'époque qu'on aboutirait à un réseau mondial d'échanges de données.

Un scientifique

Sorti de l'École polytechnique au milieu des années 1950, Louis Pouzin est l'un des rares scientifiques à s'intéresser à l'époque aux réseaux informatiques. Alors que se développe aux États-Unis *Arpanet*, ancêtre d'Internet, la France cherche à se doter d'un outil public analogue. C'est tout naturellement que l'on fait appel à Louis Pouzin pour mener à bien ce projet nommé *Cyclades*. Par un choix politique hasardeux, l'État s'en écarte quelques années plus tard lui préférant celui prônant le Minitel. Bien qu'abandonné, les apports de *Cyclades* ont considérablement enrichi le réseau Internet.

LE SAVIEZ-VOUS ?

Les informations transmises sont codées avec des 0 et de 1. Pourtant, il ne fallut pas attendre l'arrivée de l'informatique pour inventer le système binaire. À la fin du XVIIe siècle le philosophe et savant allemand Gottfried Leibniz l'avait étudié et s'émerveillait de sa simplicité en disant « toutes ces opérations sont si aisées, qu'on n'a jamais besoin de rien essayer ni deviner. »

OBJECTIFS

- Comprendre le fonctionnement du protocole TCP/IP :
  - Connaître les notions de paquet et de routage des paquets
  - Distinguer le rôle des protocoles IP et TCP
  - Distinguer la fiabilité de transmission et la garantie temporelle
- Serveurs DNS :
  - Comprendre le rôle des serveurs DNS
  - Faire la différence entre adresse web et adresse IP
  - Trouver une adresse IP à partir d'une adresse web
  - Obtenir des informations à partir d'une adresse IP
- Réseaux pair-à-pair :
  - Comprendre le fonctionnement d'un réseau pair-à-pair et son principal intérêt
  - Connaître les risques d'utilisation illicite ou malveillante
- Indépendance d'internet par rapport au réseau physique :
  - Caractériser quelques types de réseaux physiques
  - Savoir donner un ordre de grandeur du trafic de données sur internet et son évolution

■■ Cours

■ Le réseau des réseaux

Pour que deux ordinateurs communiquent entre eux il faut les mettre en **réseau**. Dans un lycée par exemple, les ordinateurs sont souvent reliés au réseau local de l'établissement à l'aide de câbles. Des serveurs dédiés permettent de faire fonctionner le réseau et de stocker et rendre accessible des données depuis n'importe quel ordinateur de l'établissement. Chez soi, si l'on a plusieurs ordinateurs qui se connectent à une même « box » (en filaire ou en Wifi), cela constitue un réseau dit local, auquel peuvent aussi être reliés une imprimante, un décodeur, etc.
Il existe énormément de réseaux à travers le monde. Tous ces réseaux peuvent également être reliés entre eux, formant des réseaux de réseaux.

Internet (qui signifie Inter-networks), c'est « **le réseau des réseaux** ». Tous les objets connectés à Internet (ordinateurs, téléphones, montres connectées, etc.) peuvent communiquer entre eux et échanger des informations (texte, image, sons, vidéo, etc.). Plusieurs supports de communication peuvent être utilisés : câbles électriques, fibre optique, air libre (wifi, 4G).

■ Historique

- **1969 :** l'Arpanet voit le jour, il s'agit du premier réseau à commutation de paquets reliant 4 machines de centres universitaires américains. Le protocole NCP sera utilisé.

- **1971 :** Envoi du premier courrier électronique.

- **1971 :** Parallèlement en France Louis Pouzin crée le réseau Cyclades. Le projet est abandonné en 1978 mais ses travaux ont influencé la mise au point d'Internet et du protocole TCP/IP.

- **1974 :** Définition de la suite de protocoles TCP/IP. Il sera adopté par l'Arpanet en 1983 en remplacement du protocole NCP.

- **1983 :** Création du DNS, base de données permettant la gestion des noms de domaines.

- **1989 :** Naissance du World Wide Web. Le Web, qui s'appuie sur Internet, est un ensemble de documents reliés entre eux par un système hypertexte et consultables à l'aide d'un navigateur.

- **1993 :** Popularisation du Web avec l'arrivée du navigateur NCSA Mosaic, doté d'une interface graphique. C'est le premier navigateur permettant l'utilisation d'images sur des pages Web.

■ Transmission d'informations

Les données transmises, entre deux ordinateurs par exemple, sont codées par une suite de 0 et de 1 (on parle de bits). L'intérêt de cette représentation est de pouvoir transférer les données par des signaux électriques (1 : signal ; 0 : rien) ou optiques (1 : allumé ; 0 : éteint).

FIGURE 2.1: Transmission des données codées par une suite de 0 et de 1.

Remarque : En informatique on rencontre souvent les termes « bits » ou « octets ».
On a vu qu'un bit correspond à un 0 ou un 1. Un octet est formé de 8 bits.
Le trafic Internet prévu en 2021 est de 3 300 milliards de milliards d'octets, soit $3,3 \times 10^{21}$ octets.

Pour que les données soient correctement transmises, puis exploitées, des protocoles ont été mis en place. Les données vont être **encapsulées** par ces différents protocoles, c'est-à-dire qu'on va y accoler un certain nombre d'informations (où est situé l'ordinateur destinataire ? quel est le logiciel destinataire ? etc.). C'est l'ensemble de ces informations (la **trame**) qui est transmis via le réseau Internet.

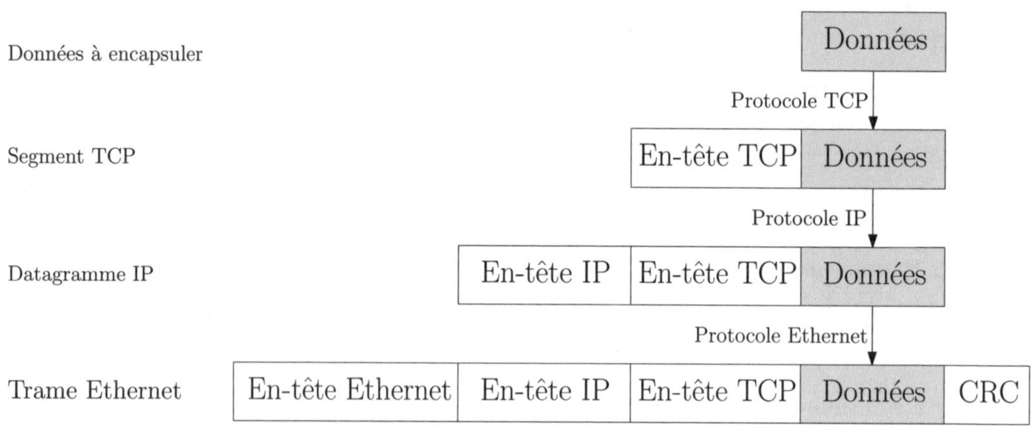

FIGURE 2.2: Découpage d'une trame Ethernet utilisant TCP/IP.

TCP/IP

Parmi les différents protocoles utilisés on retrouve très fréquemment TCP/IP. Il s'agit en réalité de deux protocoles utilisés conjointement.

Le protocole TCP (Transmission Control Protocol, Protocole de Contrôle de Transmission)

Imaginons maintenant que l'on souhaite envoyer une photo numérique. Il s'agit d'un fichier volumineux qui ne peut pas être transmis en une seule fois et devra donc être « découpé ».
Le protocole TCP se charge de découper les données sous forme de **paquets** numérotés et d'indiquer à quel logiciel ces paquets sont destinés. TCP s'assure ensuite que tous les paquets sont bien transmis (grâce à des accusés de réception) et les réassemble. Si des paquets ont été perdus lors de la transmission, TCP se charge de demander leur nouvel envoi.

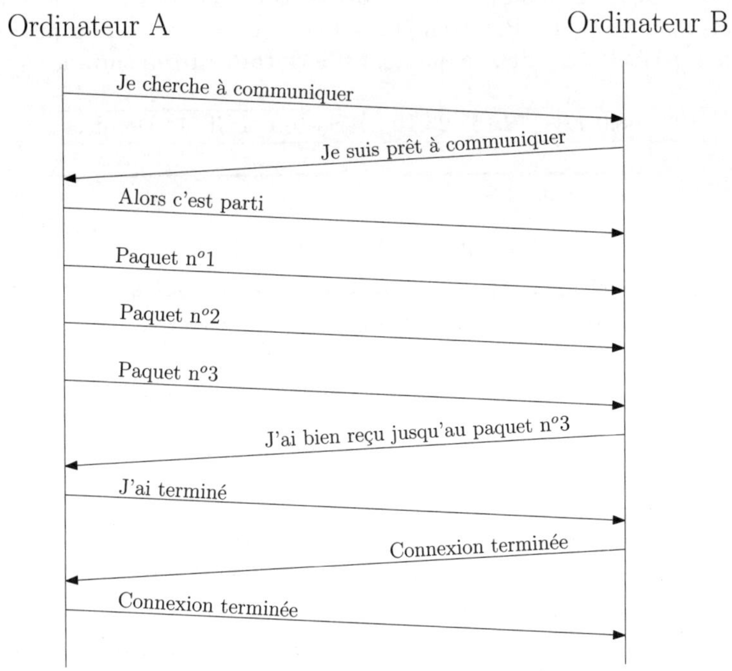

FIGURE 2.3: Échanges liés au protocole TCP

Le protocole TCP assure donc une transmission fiable, mais sans garantie temporelle. Cependant il manque encore une information essentielle à la transmission des données : où est situé l'ordinateur B sur le réseau Internet ?

Le protocole IP (Internet Protocol)

Pour comprendre le fonctionnement du protocole IP on peut faire assez naturellement l'analogie avec l'envoi du courrier par La Poste.
Lorsqu'on envoie une lettre par La Poste on l'insère dans une enveloppe sur laquelle sont inscrites l'adresse du destinataire et celle de l'expéditeur. Ici la lettre à envoyer correspond aux données encapsulées par TCP. IP les encapsule encore en ajoutant entre autres les adresses du destinataire et de l'expéditeur.

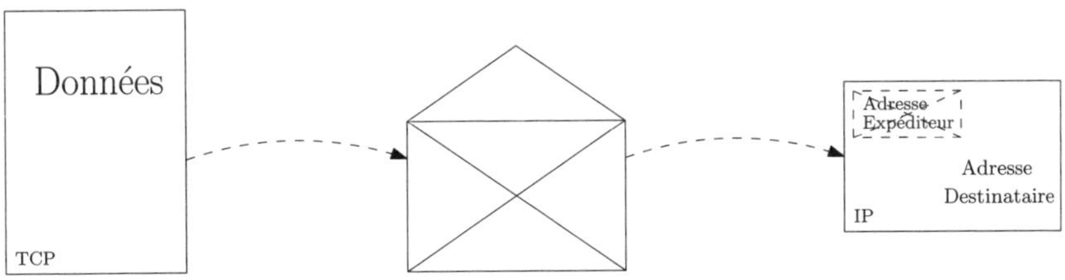

FIGURE 2.4: Analogie entre l'encapsulage IP et l'envoi d'un courrier

À quoi ressemble l'adresse d'un ordinateur ? L'**adresse IP** est constituée de 4 nombres compris entre 0 et 255 séparés par un point. Par exemple l'adresse IP de l'expéditeur peut être 192.168.0.1 et celle du destinataire 172.152.23.108, ce qui donne le **datagramme** suivant :

192.168.0.1	172.152.23.108	En-tête TCP	Données

En-tête IP (192.168.0.1, 172.152.23.108) — segment TCP (En-tête TCP, Données)

FIGURE 2.5: Datagramme IP

Dans la trame envoyée, l'adresse IP est codée sur 4 octets, c'est-à-dire 32 bits. Pour cela on utilise la représentation binaire des nombres compris entre 0 et 255.

Exemple : Pour coder le nombre 172 en binaire il s'agit de décomposer 172 en puissances de 2 :

$$172 = ? \times 2^7 + ? \times 2^6 + ? \times 2^5 + ? \times 2^4 + ? \times 2^3 + ? \times 2^2 + ? \times 2^1 + ? \times 2^0$$

Autrement dit : $172 = ? \times 128 + ? \times 64 + ? \times 32 + ? \times 16 + ? \times 8 + ? \times 4 + ? \times 2 + ? \times 1$
$172 = 128+32+8+4 = \boxed{1} \times 128 + \boxed{0} \times 64 + \boxed{1} \times 32 + \boxed{0} \times 16 + \boxed{1} \times 8 + \boxed{1} \times 4 + \boxed{0} \times 2 + \boxed{0} \times 1$
En binaire 172 s'écrit donc 10101100. Tandis que 0 s'écrit 00000000 et 255 s'écrit 11111111.

Remarque : Étant donné le nombre grandissant d'objets connectés ce format d'adresse IP (adresse IPv4) devient insuffisant ($256^4 = (2^8)^4 = 2^{32} \simeq 4 \times 10^9$ adresses possibles). On utilise de plus en plus le protocole IPv6 qui utilise des adresses codées sur 128 bits, au lieu de 32 bits en IPv4 ($2^{128} \simeq 3 \times 10^{38}$ adresses possibles !). Les adresses IPv6 sont représentées par 8 groupes de 2 octets codés sous forme hexadécimale (chiffres 0 à 9 et lettres a à f) séparés par « : ».
Exemple d'adresse IPv6 : 2019 : 0ca8 : 0000 : 86b2 : 0000 : 0000 : db16 : 8004
IPv6 offre suffisamment d'adresses pour pouvoir adresser chaque m² de la Terre, océans compris !

Remarque : Chaque adresse IP est unique dans un réseau privé, ce n'est en revanche pas le cas sur l'ensemble du réseau Internet. Par exemple l'adresse IP de son ordinateur personnel commence souvent par 192.168.0., il s'agit en fait d'une adresse IP privée qui n'est pas directement accessible depuis Internet contrairement aux adresses IP publiques. Certaines plages d'adresses sont réservées aux adresses privées permettant l'utilisation de la même adresse IP sur des réseaux privés différents.

Autres protocoles

TCP/IP n'est pas la seule suite de protocoles utilisée, il s'agit cependant de la plus répandue. Il en existe de nombreuses autres, citons par exemple UDP/IP. Le protocole UDP, tout comme TCP, encapsule les données de sorte qu'elles soient transmises au bon logiciel. En revanche UDP ne gère pas les accusés de réception. L'avantage est que la transmission est plus rapide, l'inconvénient est qu'il n'y a aucune fiabilité sur la transmission (les paquets vont-ils tous arriver ? dans l'ordre ?). Ce n'est pas forcément un problème, par exemple lorsqu'il s'agit de visionner une vidéo en streaming.

■ Routage

Maintenant que l'on sait de quoi est constituée une trame transmise entre deux objets connectés, il reste à savoir comment celle-ci circule entre les deux. Une fois encore on peut faire l'analogie avec l'acheminement du courrier par La Poste : quand on expédie une lettre on la dépose au bureau de poste, elle sera ensuite envoyée dans différents centres de tri avant d'être distribuée au destinataire.

Exemple : Sur le schéma suivant, les ordinateurs sont reliés entre eux par des **switchs** (chaque switch correspond à un reseau local), eux-mêmes reliés à des **routeurs**.

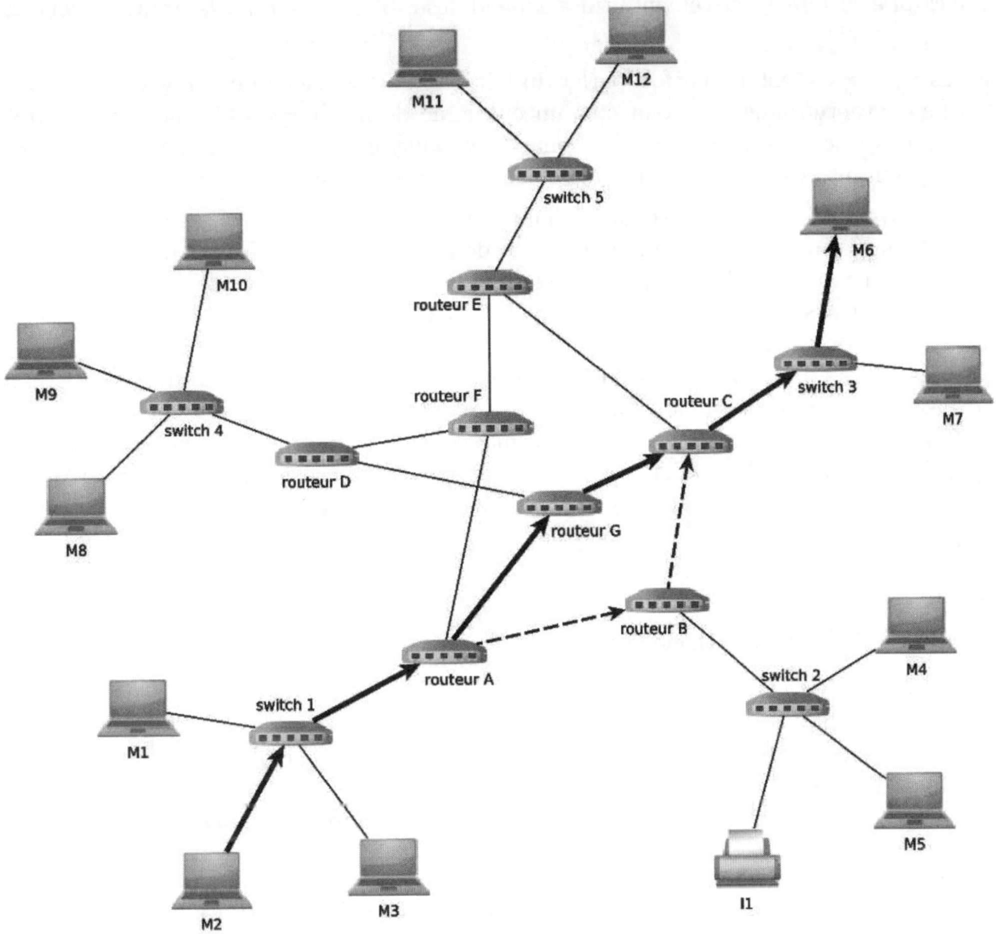

FIGURE 2.6: Exemple de parcours d'une trame sur un réseau

Le rôle d'un **routeur** (analogue du centre de tri) est de faire communiquer entre eux les réseaux qu'il relie et d'aiguiller correctement chaque trame reçue. Pour cela le routeur utilise sa **table de routage** : en fonction de l'adresse IP de destination il choisira à qui il doit renvoyer la trame.

Remarques :

- Une box internet joue en fait à la fois le rôle de routeur et de switch.
- On a vu que deux ordinateurs pouvaient avoir des adresses IP identiques (à condition d'être sur des réseaux privés différents). On pourra s'intéresser à la NAT pour mieux comprendre le fonctionnement du routage dans ce cas.
- Qu'est-ce que la **neutralité du net** ? Il s'agit du principe selon lequel les données circulent sans distinction ni sur les expéditeurs/destinataires ni sur le contenu (texte, vidéo, etc.). Il n'y a aucune priorité accordée sur les trames qui transitent sur le réseau.

Cours

Sur le réseau donné dans la figure 2.6, lorsqu'une trame est envoyée par l'ordinateur M2, à destination de l'ordinateur M6, elle peut être relayée par les routeurs A, G, et C (chemin en gras).
Ce n'est pas le seul chemin possible, la trame peut tout aussi bien passer par le routeur B (chemin en pointillés). Le chemin effectivement utilisé dépend des tables de routage des routeurs rencontrés.

Remarques :

- On entend parfois parler du fait de « débrancher Internet », c'est impossible ! On peut éventuellement déconnecter un ensemble de machines d'Internet mais l'interconnexion des réseaux est telle que deux machines pourront toujours communiquer entre elles, en empruntant éventuellement un autre chemin (une « déviation »).
- On a vu qu'il existe des milliers de réseaux d'Internet, la table de routage ne les recense pas tous ! Si jamais le routeur reçoit une trame dont l'adresse de destination n'est pas dans la table, elle devra suivre la « route par défaut » indiquée par la table de routage. Par ailleurs la table n'est pas fixe et est régulièrement actualisée.

Que se passe-t-il lors d'une panne réseau ? Si un paquet ne parvient pas à trouver sa destination, va-t-il transiter indéfiniment sur le réseau ? Dans l'entête IP figure toujours une donnée appelée **TTL (Time To Live)** qui indique le nombre maximal de routeurs par lequel peut transiter le paquet. À chaque fois que le paquet traverse un routeur la TTL diminue, une fois arrivée à 0 le paquet est détruit. Cela permet de ne pas encombrer le réseau. Si un paquet a été détruit et ne parvient donc pas à destination, il sera de toute façon redemandé par le protocole TCP.

■ Serveurs DNS (Domain Name System)

Lorsque nous utilisons Internet, que se passe-t-il ?
Imaginons par exemple que l'on souhaite s'informer pour son orientation, grâce au site de l'Onisep.
On commence par ouvrir le **navigateur** de son choix et dans la barre d'adresse on tape l'**adresse web** du site de l'Onisep : www.onisep.fr
Le navigateur va alors chercher à se connecter au **serveur web** correspondant pour télécharger les ressources nécessaires et afficher la page web demandée.
L'adresse symbolique www.onisep.fr est une adresse simple à mémoriser, mais on a vu que pour faire communiquer deux machines entre elles selon le protocole TCP/IP il fallait connaître leurs adresses IP. Un mécanisme a été mis en place pour faire correspondre le **nom de domaine** onisep.fr à l'adresse IP du server web sur lequel est stocké le contenu de la page web : le **DNS**.
Il s'agit d'une sorte d'annuaire permettant d'associer une adresse IP à chaque nom de domaine.
On interroge les **serveurs DNS** (ordinateurs sur lesquels est implémenté le protocole DNS) pour connaître l'adresse IP d'un serveur web.

Remarque :

- Un serveur web héberge des ressources du web (pages web, images, vidéos, etc.), il est connecté au réseau Internet et échange des informations avec les utilisateurs.
  On parle d'**interaction client/serveur**.
- Un navigateur est un logiciel permettant d'afficher du contenu Web (voir chapitre suivant). Les navigateurs les plus utilisés dans le monde sont Google Chrome, Firefox, Safari, Internet Explorer et Opera mais il en existe de nombreux autres.

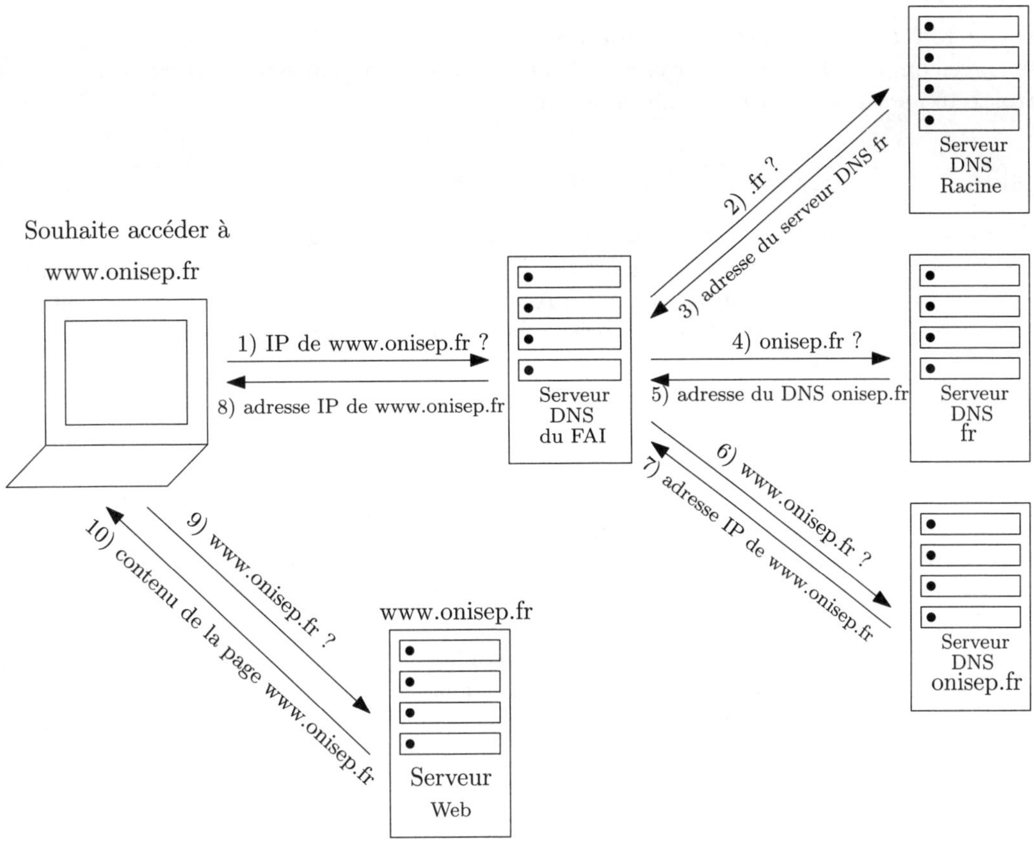

FIGURE 2.7: Requête internet

Réseaux pair-à-pair (Peer to peer, p2p)

Interêt

Comme on l'a vu, la plupart des interactions sur Internet sont des interactions client-serveur. Cependant ce modèle n'est pas toujours le plus adapté : si beaucoup d'utilisateurs (clients) cherchent à accéder en même temps à une ressource lourde (une vidéo par exemple) sur un même serveur, celui-ci va vite se retrouver saturé par toutes les requêtes qui lui parviennent. Dans ce cas l'utilisation d'un réseau pair-à-pair est plus pertinente.

Un **réseau pair-à-pair** s'appuie sur Internet et met en relation des ordinateurs qui peuvent partager du contenu. Selon ce modèle chaque utilisateur joue à la fois le rôle de client et de serveur : lorsque l'on télécharge une vidéo sur un réseau p2p (découpée en paquets), dès que l'on a téléchargé une partie des paquets on peut à son tour les envoyer à d'autres utilisateurs du réseau.
Cela permet de répartir les tâches sur l'ensemble des utilisateurs du réseau plutôt que de tout concentrer sur un unique serveur.

Cours

Risques

Il faut rester vigilant lorsque l'on utilise ce type de réseau : il n'y a aucune garantie sur le contenu réel, on peut donc se retrouver à télécharger des logiciels malveillants (vers, virus, chevaux de Troie, etc.) à son insu, puis les diffuser à son tour.

Légalité

Bien que l'utilisation des réseaux pair-à-pair soit tout à fait légale, on ne peut pas partager n'importe quel contenu. En effet, la plupart des œuvres (musiques, films) diffusées sur ce type de réseaux sont protégées par des droits d'auteur. Avant de télécharger/diffuser quoi que ce soit il faut vérifier quels sont les droits et devoirs associés à la **licence** sous laquelle a été publié le contenu.

■ Pour aller plus loin : le modèle OSI

Comme on l'a vu, pour que des objets connectés à Internet puissent communiquer entre eux, ils doivent être en mesure de « se comprendre », c'est pour cela qu'ont été définis des protocoles afin que les informations puissent être traitées. Nous nous sommes intéressés ici aux protocoles TCP et IP mais d'autres protocoles entrent également en jeu lors de la transmission d'informations.
Le modèle OSI est né en 1984, il s'agit d'un modèle en 7 couches indiquant comment doivent communiquer les objets connectés à Internet.

Les données à transmettre sont encapsulées selon différents protocoles en parcourant les couches du modèle OSI depuis la couche 7 (applicative). La trame va ensuite parcourir le réseau à travers différents équipements (switchs, routeurs). Une fois la trame transmise, le récepteur devra remonter toutes les couches du modèle OSI pour que le bon logiciel puisse accèder aux données.

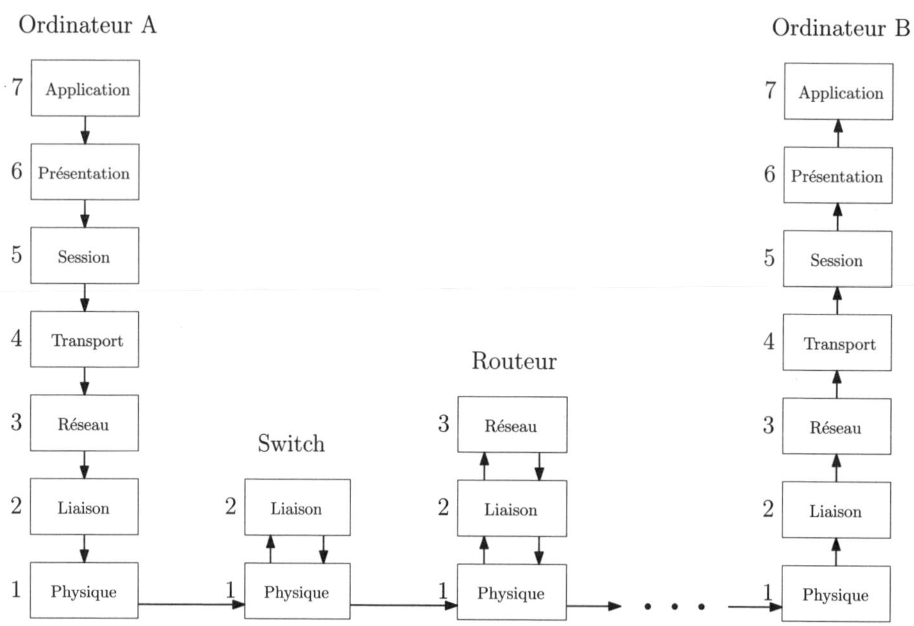

FIGURE 2.8: Transmission selon le modèle OSI

Le protocole IP est un protocole de couche 3, TCP est un protocole de couche 4 (UDP également). Un routeur est un matériel de couche 3 (il implémente le protocole IP), un switch un matériel de couche 2. Dans les protocoles de couche 7 (la couche applicative) on retrouve par exemple les protocoles DNS, HTTP et HTTPS (voir le chapitre suivant).
Le modèle OSI est un modèle théorique et peut être simplifié dans le cadre de TCP/IP :

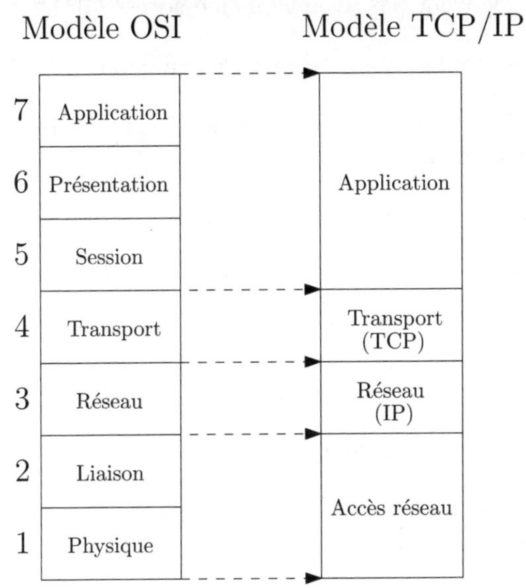

FIGURE 2.9: Le modèle TCP/IP

Cours

■■ Vrai/Faux

	Vrai	Faux
1. Deux ordinateur ne peuvent pas avoir la même adresse IP.	☐	☐
2. Le protocole TCP assure la fiabilité d'une transmission.	☐	☐
3. Lors de la transmission de plusieurs paquets, ceux-ci empruntent tous le même chemin.	☐	☐
4. L'utilisation des réseaux pair-à-pair (peer-to-peer) est illégale.	☐	☐
5. Sur Internet les données circulent de la même façon quelle que soit la source, le destinataire ou le contenu.	☐	☐
6. Un serveur web est une machine sur laquelle sont stockés des contenus web (pages web, images, vidéos, etc.)	☐	☐
7. Internet et le Web sont des synonymes.	☐	☐
8. Regarder un film en basse définition permet de consommer 4 à 10 fois moins d'énergie qu'en haute qualité graphique.	☐	☐
9. Il n'y a pas de limite sur le nombre de routeurs empruntés par un paquet lors de sa transmission.	☐	☐

Énoncé des exercices

Exercice 2.1 : Déterminer sa propre adresse IP :

Sous Linux

- Ouvrir un terminal en pressant les touches CTRL+ALT+T
- Saisir la commande `ifconfig`

Sous Windows

- Ouvrir un terminal en cliquant sur Démarrer, exécuter et tapant `cmd`
- Saisir la commande `ipconfig`

Exercice 2.2 : Coder en écriture binaire l'adresse IP `192.168.1.13`.

Exercice 2.3 : Donner l'adresse IP codée par `10011000110000110110110001100010`.

Exercice 2.4 : Sur le réseau donné figure 2.6 citer au moins 3 chemins permettant de relier la machine M8 à la machine M4.
La machine M8 peut-elle faire parvenir à la machine M4 un paquet ayant une TTL valant 5 ?

Exercice 2.5 : Sur le réseau donné figure 2.6, que se passe-t-il si le routeur E tombe en panne ? Et si c'est le routeur F ?

Exercice 2.6 : Accéder à sa propre table de routage :

Sous Linux

Dans un terminal saisir la commande `route -n`

Sous Windows

Dans un terminal saisir la commande `route print`

Exercice 2.7 : Identifier la route empruntée pour accéder au site web `www.facebook.com` :

Sous Linux

Dans un terminal saisir la commande `traceroute www.facebook.com`

Sous Windows

Dans un terminal saisir la commande `tracert www.facebook.com`

Exercice 2.8 :

1. Vérifiez que le site `www.wikipedia.org` vous est accessible est saisissant dans un terminal la commande `ping www.wikipedia.org` (CTRL + C pour interrompre le processus).
2. (Sous Linux) Vous devriez voir apparaître une adresse IP associée à l'adresse web, vérifiez qui est propriétaire de cette adresse en saisissant `whois xxx.xxx.xxx.xxx` (en inscrivant l'adresse IP qui correspond).
3. (Sous Linux) Testez cette même commande avec votre propre adresse IP. Que constatez-vous ?

Exercice 2.9 : Lorsque l'on parle d'interaction client/serveur, un client est une machine qui :

☐ envoie des requêtes ☐ reçoit des requêtes

Exercice 2.10 : Un ordinateur connecté à un réseau pair-à-pair est :

☐ un client ☐ un serveur ☐ les deux

Corrigé des vrai/faux

1	2	3	4	5	6	7	8	9
F	V	F	F	V	V	F	V	F

1. Les adresses IP publiques sont uniques, en revanche une même adresse IP privée peut être utilisée dans des réseaux privés différents (se renseigner sur la NAT pour davantage d'informations). Par ailleurs un objet connecté ne conserve pas toujours la même adresse IP, cela dépend du réseau auquel il est connecté. Ainsi lors d'un déplacement avec son smartphone on peut changer plusieurs fois d'adresse IP : à chaque fois que l'on se connecte à un nouveau réseau.

2. En cas de perte d'un paquet, celui-ci sera redemandé grâce au protocole TCP. Les accusés de réceptions servent à détecter ces pertes.

3. Les tables de routage des routeurs est régulièrement réactualisée, plusieurs paquets issus d'une même transmission peuvent donc emprunter des routes différentes.

4. Le piratage est souvent associé à l'utilisation de réseaux pair-à-pair. En effet il s'agit d'un moyen efficace pour télécharger des musiques ou des vidéos, seulement dans ce cas les contenus diffusés sont généralement protégés par droits d'auteur, ce qui est illégal. En revanche il y existe un très grand nombre de logiciels, jeux, documentaires, films, etc. qui sont sous licence libre ou bien dans le domaine public et sont donc téléchargeables en toute légalité.

5. C'est ce qu'on appelle la « neutralité du net ».

7. Internet est un réseau, sur lequel s'appuie le Web. Le Web est un ensemble de contenus (pages web etc.) qui peuvent être transmis aux différents utilisateurs d'Internet. Pour accéder à ces contenus on utilise un navigateur web.

9. La TTL limite le nombre de routeurs traversés, afin de ne pas encombrer le réseau inutilement.

Corrigé des exercices

Exercice 2.1

Sous Linux

Parmi les informations sur la carte correspondant (eth0 ou wlan0) on peut lire
`inet adr : xxx.xxx.xxx.xxx`

Sous Windows

On peut lire `Adresse IP. . . . . . : xxx.xxx.xxx.xxx`

Exercice 2.2

- $192 = 128 + 64 = 2^7 + 2^6$
  $= 1 \times 2^7 + 1 \times 2^6 + 0 \times 2^5 + 0 \times 2^4 + 0 \times 2^3 + 0 \times 2^2 + 0 \times 2^1 + 0 \times 2^0$
  `192` est donc codé par `11000000`.
- $168 = 128 + 32 + 8 = 2^7 + 2^5 + 2^3$
  $= 1 \times 2^7 + 0 \times 2^6 + 1 \times 2^5 + 0 \times 2^4 + 1 \times 2^3 + 0 \times 2^2 + 0 \times 2^1 + 0 \times 2^0$
  `168` est donc codé par `10101000`.
- $1 = 2^0 = 0 \times 2^7 + 0 \times 2^6 + 0 \times 2^5 + 0 \times 2^4 + 0 \times 2^3 + 0 \times 2^2 + 0 \times 2^1 + 1 \times 2^0$
  `1` est donc codé par `00000001`.
- $13 = 8 + 4 + 1 = 2^3 + 2^2 + 2^0$
  $= 0 \times 2^7 + 0 \times 2^6 + 0 \times 2^5 + 0 \times 2^4 + 1 \times 2^3 + 1 \times 2^2 + 0 \times 2^1 + 1 \times 2^0$
  `13` est donc codé par `00001101`.
- `192.168.1.13` est donc codée par `11000000101010000000000100001101`.

Exercice 2.3

- Commençons par séparer les 4 octets de l'adresse :
  `10011000.11000011.01101100.01100010`
- $1 \times 2^7 + 0 \times 2^6 + 0 \times 2^5 + 1 \times 2^4 + 1 \times 2^3 + 0 \times 2^2 + 0 \times 2^1 + 0 \times 2^0$
  $= 128 + 16 + 8 = 152$
- $1 \times 2^7 + 1 \times 2^6 + 0 \times 2^5 + 0 \times 2^4 + 0 \times 2^3 + 0 \times 2^2 + 1 \times 2^1 + 1 \times 2^0$
  $= 128 + 64 + 2 + 1 = 195$
- $0 \times 2^7 + 1 \times 2^6 + 1 \times 2^5 + 0 \times 2^4 + 1 \times 2^3 + 1 \times 2^2 + 0 \times 2^1 + 0 \times 2^0$
  $= 64 + 32 + 8 + 4 = 108$
- $0 \times 2^7 + 1 \times 2^6 + 1 \times 2^5 + 0 \times 2^4 + 0 \times 2^3 + 0 \times 2^2 + 1 \times 2^1 + 0 \times 2^0$
  $= 64 + 32 + 2 = 98$
- On obtient finalement l'adresse IP `152.195.108.98`

Exercice 2.4

- M8 – Switch 4 – Routeur D – Routeur F – Routeur A – Routeur B – Switch 2 – M4
- M8 – Switch 4 – Routeur D – Routeur G – Routeur C – Routeur B – Switch 2 – M4
- M8 – Switch 4 – Routeur D – Routeur F – Routeur E – Routeur C – Routeur B – Switch 2 – M4

Pour relier les machines M8 et M4 il faut emprunter un chemin de longueur 7 au minimum, il n'est donc pas possible de transmettre un paquet avec une TTL de 5 car le paquet sera détruit après avoir traversé seulement 5 équipements.

Exercice 2.5

Si le routeur E tombe en panne, les machines M11 et M12 ne seront plus connectées au réseau. En revanche si le routeur F tombe en panne cela ne change rien puisque les routeurs A, D et E normalement reliés à F restent connectés au réseau.

Exercice 2.6

```
Fichier Édition Affichage Rechercher Terminal Aide
lou@Imagine:~$ route -n
Table de routage IP du noyau
Destination     Passerelle      Genmask         Indic Metric Ref    Use Iface
0.0.0.0         192.168.0.254   0.0.0.0         UG    0      0        0 wlan0
192.168.0.0     0.0.0.0         255.255.255.0   U     9      0        0 wlan0
lou@Imagine:~$
```

Sous Linux, on trouve l'adresse 0.0.0.0 à la place de notre propre adresse IP. La deuxième ligne signifie que tous les paquets à destination des adresses allant de 192.168.0.1 à 192.168.0.254, iront directement à cette adresse (le masque de sous-réseau 255.255.255.0 indique que les 3 premiers octets correspondent à notre réseau, les adresses 192.168.0.0 et 192.168.0.255 étant réservées). La première indique que tous les autres paquets emprunterons la **passerelle par défaut** : 192.168.0.254.

Sous Windows, la table de routage contient généralement un peu plus d'éléments que celle donnée ci-dessus.

Exercice 2.7

Sous Linux On obtient par exemple :

```
traceroute to www.facebook.com (179.60.192.36), 30 hops max, 60 byte packets
1  192.168.0.251 (192.168.0.254)  1.284 ms  1.975 ms  2.401 ms
2  4ba24-3-62-226-190-254.fbx.proxad.net (58.226.190.254)  30.419 ms  30.682 ...
3  213.226.135.62 (213.226.135.62)  32.520 ms  33.747 ms  34.062 ms
4  p11-crs16-1-be1125.intf.routers.proxad.net (194.152.163.189)  37.911 ms * ...
5  194.152.166.38 (194.152.166.38)  48.060 ms  48.054 ms  48.046 ms
6  be4204.ccr31.par04.atlas.cogentco.com (149.11.115.13)  48.038 ms  33.456 m...
7  edge-network.demarc.cogentco.com (149.11.175.130)  34.719 ms edge-network....
8  po171.asw01.cdg1.tfbnw.net (204.15.23.6)  35.855 ms po171.asw02.cdg1.tfbnw...
9  po245.psw04.cdg2.tfbnw.net (157.240.45.1)  37.799 ms po221.psw01.cdg2.tfbn...
10  173.252.67.195 (173.252.67.195)  40.224 ms 173.252.67.59 (173.252.67.59) ...
11  edge-star-mini-shv-01-cdg2.facebook.com (179.60.192.36)  41.247 ms  41.55...
```

On remarque que l'adresse IP du serveur atteint, contenant la page `www.facebook.com`, est `179.60.192.36`.

Exercice 2.8

1. Cette commande peut être utile pour tester si un site web est accessible (par exemple pour tester une configuration réseau) et donne des informations sur la connexion. Lorsqu'il s'agit simplement de trouver une adresse IP, la commande `host www.wikipedia.org` convient, celle-ci indique d'ailleurs ici une adresse IPv6 également.

```
Fichier Édition Affichage Rechercher Terminal Aide
lou@Imagine:~$ host www.wikipedia.org
www.wikipedia.org is an alias for dyna.wikimedia.org.
dyna.wikimedia.org has address 91.198.174.192
dyna.wikimedia.org has IPv6 address 2620:0:862:ed1a::1
lou@Imagine:~$
```

2. Cette commande permet d'accéder à un certain nombre d'informations, en particulier le nom du propriétaire, une adresse et un numéro de téléphone. Lorsqu'on a un doute sur un site web, cela peut être un moyen de vérifier qui héberge ce site web.
3. Votre adresse IP personnelle est a priori une adresse privée, vous devriez donc tomber sur une information indiquant qu'il s'agit d'une adresse privée et que celle-ci est utilisée sur des millions de réseaux privés.

Remarque : Pour plus de détails sur la communication avec une adresse privée, se renseigner sur la NAT.

Exercice 2.9

Lorsque l'on parle d'interaction client/serveur, un client est un ordinateur qui :

☐ envoie des requêtes ☒ reçoit des requêtes

Exercice 2.10

Un ordinateur connecté à un réseau pair-à-pair est :

☐ un client ☐ un serveur ☒ les deux

Chapitre 3

Le Web

Le World Wide Web, en français la toile d'araignée mondiale, a été inventé par deux informaticiens qui travaillaient au CERN : le Britannique Tim Berners Lee et le Belge Robert Caillau. Communément appelé le Web, il permet, grâce à un navigateur, d'accéder aux différents sites et d'échanger par courrier électronique. Il est devenu incontournable dans pratiquement toutes les activités professionnelles ou de loisir.

Une juriste

Mitchell Baker (née en 1959), a une formation de juriste. Dans les années 1990, elle s'est investie dans la thématique de la propriété intellectuelle et son application dans les technologies nouvelles. Elle contribua en 2003 à la création du navigateur *Mozilla Firefox* et prit la présidence de *Mozilla Foundations*, organisme sans but lucratif chargé de le gérer.

LE SAVIEZ-VOUS ?

Wikipedia est devenu la principale source d'information, supplantant les encyclopédies traditionnelles. Se déclinant dans toutes les langues, elle accumule désormais un nombre immense d'articles, plus de deux millions en langue française. La conception des articles est tout à fait nouvelle puisque chacun peut y contribuer, et ce, de manière bénévole. Le contrôle collectif mis en place est très efficace puisque le nombre d'erreurs n'est pas supérieur à celui constaté dans d'autres encyclopédies. Il faut cependant toujours croiser ses sources et vérifier les informations qu'on y recueille.

OBJECTIFS

- Fonctionnement du Web :
  - Comprendre la structure du Web
  - Analyser une URL
  - Comprendre le protocole HTTP
- Utilisation du Web :
  - Utiliser un navigateur web
  - Comprendre le fonctionnement d'un moteur de recherche
- Sécurité et confidentialité :
  - Comprendre et gérer les cookies
  - Connaître les risques de sécurité liés à l'utilisation du Web
- Développement Web :
  - Utilisation de HTML pour écrire une page web
  - Apport de CSS

Cours

Historique

- **1965** : Invention de la notion d'hypertexte par le sociologue américain Ted Nelson.
- **1989** : Au CERN, le chercheur britannique Tim Berners-Lee invente le Web. Le premier site web est accessible ici : `http://info.cern.ch/hypertext/WWW/TheProject.html`
- **1991** : Naissance du langage HTML.
- **1993** : Le CERN rend le Web public.
- **1995** : Création des langages Javascript et PHP, permettant le développement de sites web dynamiques.
- **1998** : Lancement du moteur de recherche Google.

Le Web

Comme on l'a vu dans le chapitre précédent, Internet est un gigantesque réseau d'ordinateurs connectés entre eux. Certains de ces ordinateurs mettent à disposition des **ressources** (texte, image, vidéo...). Par exemple, une page web est une ressource.
Le **Word Wide Web** (WWW ou Web en abrégé), « toile » en français, permet d'accéder à ces ressources par un système de **liens hypertextes**.
Chaque ressource possède une adresse web appelée **URL** (Uniform Resource Locator) permettant de l'identifier (de la même façon qu'une adresse postale permet de localiser une habitation).

⚠ **Remarque :** ne pas confondre adresse IP (qui permet d'identifier un ordinateur) et adresse web (qui permet d'identifier une ressource sur un ordinateur).
Une adresse web doit suivre une syntaxe précise. Prenons un exemple d'URL :

`http://www.example.com/dossier/page.html`

- En premier est indiqué le **protocole** (les règles de communication) utilisé pour demander et recevoir la ressource.
  HTTP (Hypertext Transfer Protocol, ou « protocole de transfert hypertexte » en français) est le protocole du Web le plus utilisé (en particulier pour les pages web), mais il y en a d'autres : FTP (pour échanger des fichiers), SMTP (pour envoyer des e-mails)...
- `www.example.com` est le **nom de domaine** de l'ordinateur sur lequel se trouve la ressource. Comme on l'a vu au chapitre précédent, ce nom de domaine est associé à une adresse IP.
- `dossier/page.html` est le **chemin** de la ressource sur l'ordinateur. Un chemin est constitué des dossiers (ou répertoires) qu'il faut parcourir pour accéder à un certain fichier. Ici, la ressource est donc un fichier appelé `page.html` situé dans `dossier` sur l'ordinateur de nom `www.example.com`.

Un lien hypertexte (ou hyperlien) est un élément cliquable d'une ressource permettant d'accéder à une autre ressource web, en utilisant son URL.

■ Le protocole HTTP

HTTP est composé de **requêtes** permettant l'échange de ressources entre un client et un serveur. Par exemple, la requête `GET <URL> HTTP/1.1` permet d'obtenir une ressource à l'URL indiquée en utilisant la version 1.1 de HTTP.
Il est possible d'envoyer manuellement une telle requête. En guise d'illustration, utilisons l'utilitaire telnet qui permet de communiquer avec un ordinateur sur Internet, en utilisant le protocole TCP/IP. Nous utilisons ici Ubuntu (distribution du système d'exploitation Linux), qui possède telnet installé par défaut.

- Commençons par ouvrir un terminal (CTRL+ALT+T) puis écrivons `telnet www.example.com 80` pour commencer la communication avec le serveur de nom `www.example.com` (80 est le port utilisé, mais nous ne nous en préoccuperons pas ici).
- Envoyons la requête suivante qui permet d'obtenir le contenu du fichier index.html sur ce serveur :
```
GET /index.html HTTP/1.1
HOST: www.example.com
```
- Le serveur renvoie d'abord un en-tête contenant diverses informations, ressemblant à ceci :
```
HTTP/1.1 200 OK
Content-Type: text/html; charset=UTF-8
Date: Sun, 07 Jul 2019 20:06:41 GMT
...
```
200 est un code signifiant que la requête a bien été exécutée. Il y a différents codes d'erreurs possibles dont la fameuse erreur 404, signifiant que la ressource demandée n'a pas été trouvée.
- La deuxième partie de la réponse du serveur contient la ressource elle-même, ici le contenu d'une page HTML qui sera détaillé plus tard dans le cours :
```
<!doctype html>
<html>
...
</html>
```

Le protocole HTTPS (S pour Secure) est semblable au protocole HTTP sauf que les données sont chiffrées : une personne intermédiaire interceptant les communications ne serait pas capable d'en connaître le contenu. Ce protocole est notamment utilisé pour les transactions d'argent et est indiqué par un cadenas 🔒 dans le navigateur.

■ Navigateur web

Il serait bien fastidieux de consulter des sites web en écrivant des requêtes HTTP. Un **navigateur web** simplifie grandement l'utilisation du Web en envoyant et recevant ces requêtes automatiquement. Il s'occupe aussi de l'affichage graphique des ressources obtenues, de façon plus esthétique que sous forme de simples lignes de texte.
Les navigateurs les plus utilisés en 2019 sont Chrome (Google), Safari (Apple), Firefox (Mozilla) et Internet Explorer (Microsoft).
La **barre d'adresse** d'un navigateur permet de connaître et modifier l'URL de la ressource web affichée.

FIGURE 3.1: Barre d'adresse de Chrome

Moteurs de recherche

Pour accéder à une ressource sur le Web, il faut connaître son URL. Seulement, un internaute intéressé par un sujet particulier ne connaît pas, a priori, les URL des pages traitant de ce sujet. Un **moteur de recherche** permet de trouver des pages web à partir de mots-clés. Les moteurs de recherches les plus utilisés sont Google, Baidu, Bing, Yahoo et DuckDuckGo.

Le fonctionnement d'un moteur de recherche comporte trois parties :

1. L'**exploration**, réalisée par un logiciel que l'on appelle robot, consiste à visiter des pages web de proche en proche en suivant des hyperliens. Il existe plusieurs façons possibles d'effectuer cette exploration du Web, suivant l'ordre dans lequel les pages sont visitées. Par exemple, un parcours en largeur consiste à partir d'une page, puis visiter toutes les pages y étant référencées, puis les pages référencées sur ces dernières...
   Certaines pages peuvent ne pas être accessibles lors de cette exploration (par exemple, si aucun lien hypertexte ne pointe dessus) et ne sont donc pas référencées par le moteur de recherche : ces pages forment ce que l'on appelle le **deep web** (web profond en français).
2. L'**indexation** associe à chaque mot-clé l'ensemble des pages en rapport avec ce mot-clé. Informatiquement, cette association peut être stockée dans ce qu'on appelle un dictionnaire. En Python, on peut créer un tel dictionnaire en utilisant la syntaxe suivante :

```
>>> D = { 'sport' : ['www.sports.fr', 'www.lequipe.fr'],
        'information' : ['www.20minutes.fr', 'www.lemonde.fr'] }
```

   D est alors un dictionnaire qui, à la chaîne de caractères `'sport'`, associe la liste `['www.sports.fr', 'www.lequipe.fr']`...

```
>>> D['sport']
['www.sports.fr', 'www.lequipe.fr']
>>> D['information']
['www.20minutes.fr', 'www.lemonde.fr']
```

3. La **recherche** est réalisée à partir d'une requête (sous forme de mots-clés) d'un utilisateur. Le moteur de recherche renvoie une liste de pages web triées par ordre de pertinence et de popularité de sorte que les premiers résultats affichés soient les plus susceptibles d'intéresser l'utilisateur.
   Les moteurs de recherche utilisent différents moyens pour mesurer la popularité d'une page. Par exemple, Google utilise un algorithme appelé **PageRank** qui parcourt le Web en suivant aléatoirement un hyperlien sur chaque page. La « popularité » d'une page est alors proportionnelle au nombre de parcours de la page. Ainsi, plus il y a de liens vers une page, plus sa « popularité » est élevée et plus il y a de chances qu'elle soit affichée en premier lors d'une recherche Google.
   Il est possible de payer (sous forme d'enchères) pour qu'un site web soit plus souvent en tête de recherches Google. La majeure partie des revenus de Google provient de cette publicité.

La figure 3.2 donne une prévision par Google du nombre de clics obtenus, nombre d'impressions (le nombre de fois que le site serait affiché) et le coût (qui dépend entre autres du niveau de concurrence) d'une campagne de publicité pour différents mots-clés.

Mot clé	↓ Clics	Nombre d'impressions	Coût
Actualités	18 317,21	194 848,00	1 726,54 €
Ordinateur	8 134,95	109 211,43	4 489,80 €
Football	7 271,55	81 056,00	2 613,07 €
Site web	2 260,11	33 609,14	1 283,23 €
Python	559,84	12 612,57	290,40 €

FIGURE 3.2: Prévision d'une campagne publicitaire avec Google Ads

Confidentialité et vie privée

Avez-vous déjà reçu des publicités sur différents sites correspondant exactement à la recherche que vous veniez de faire ? Ce n'est pas un hasard : votre navigation sur le Web laisse des traces qui peuvent être collectées par des entreprises. Ces données peuvent ensuite être revendues.
Un **cookie** est un fichier texte stocké sur l'ordinateur de l'utilisateur et contenant des informations relatives à la navigation sur un site particulier. Le cookie est lu par le site en question à chaque visite.
Par exemple, un cookie peut contenir les paramètres de l'utilisateur, les articles d'un panier d'achat, etc. Les cookies sont donc potentiellement utiles pour l'utilisateur.
Un **cookie tiers** est un cookie placé par un publicitaire sur d'autres sites web de façon à suivre un utilisateur et récupérer différentes informations sur lui. Ce type de cookie n'est donc pas utile pour l'utilisateur, sauf éventuellement pour recevoir de la publicité ciblée.
La législation européenne impose aux sites web de demander à l'utilisateur d'accepter l'utilisation de cookies.
Il est possible de voir les cookies sur son propre ordinateur, de les supprimer et de les bloquer. Par exemple, sur Chrome : aller dans « Paramètres » puis « Paramètres avancés », « Paramètres du site » et enfin « Cookies ».

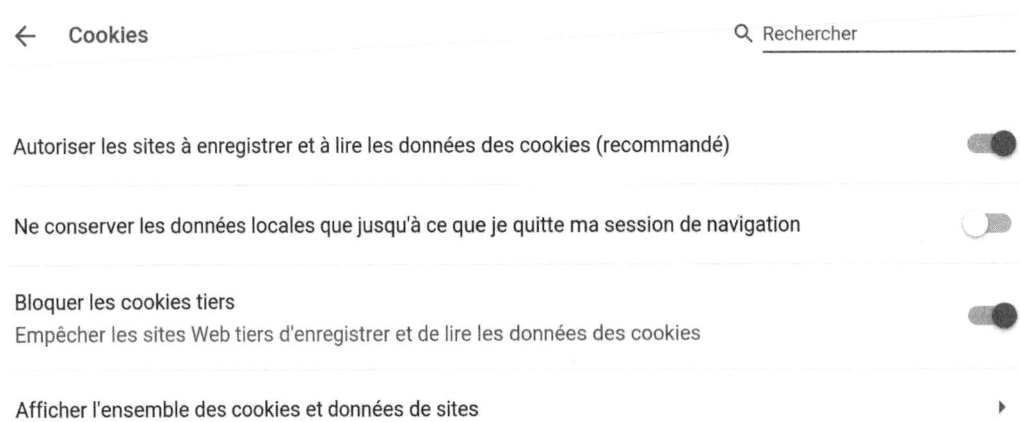

FIGURE 3.3: Paramétrage des cookies sur Chrome

Sur un ordinateur public, il est vivement conseillé de supprimer les cookies et l'historique de navigation (c'est à dire l'ensemble des sites visités). Cela peut se faire également via les paramètres du navigateur.
Mentionnons enfin qu'il existe des utilitaires permettant d'éviter les traceurs, comme par exemple Disconnect (`https://disconnect.me/`).

■ Sécurité sur le Web

Voici certains des risques les plus fréquents lorsque l'on navigue sur le Web :

- L'**hameçonnage** (phishing en anglais) consiste à leurrer un internaute à l'aide d'un faux site ou mail pour lui soutirer des données personnelles (numéro de carte bancaire, mot de passe, etc.). Souvent, le site en question possède la même apparence que l'original avec une URL très légèrement différente (une lettre en plus, par exemple).
  Les certificats électroniques peuvent permettre de garantir l'authenticité d'un site web. Lorsqu'un site utilise le protocole HTTPS sans certificat valide, le navigateur web affiche normalement un message d'avertissement :

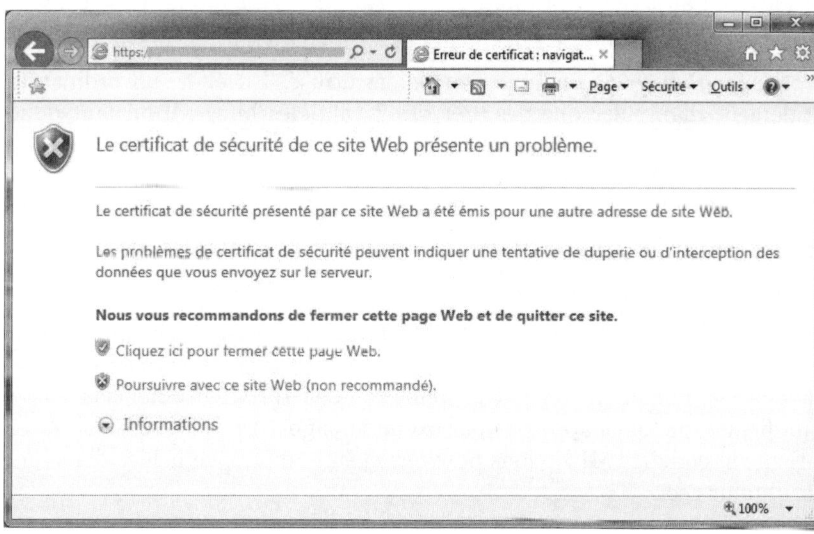

  De manière générale, il faut éviter de communiquer des informations sensibles, en particulier en l'absence de protocole sécurisé (HTTPS) ou de certificat valide.

- Certains sites web peuvent essayer d'exécuter un **programme malveillant** sur votre appareil, souvent en demandant de télécharger un fichier exécutable (.exe sous Windows). Ce programme peut contenir un « keylogger » (qui enregistre vos frappes de clavier pour récupérer vos mots de passes), un rançongiciel (chiffrant vos fichiers puis demandant de l'argent pour pouvoir les récupérer)...
  Certains de ces programmes tentent de s'exécuter directement dans le navigateur via un langage web comme Javascript. L'ANSSI (Agence Nationale de la Sécurité des Systèmes d'Information) conseille de désactiver Javascript dans la mesure du possible (voir dans les paramètres du navigateur). Récemment, les principaux navigateurs ont décidé de désactiver Flash par défaut, qui posait trop de problèmes de sécurité.

■ Développement Web avec HTML

Le langage **HTML** (Hypertext Markup Language) permet d'écrire des pages web, en utilisant des **balises**. Ces balises sont délimitées par <...> et </...> et servent par exemple à mettre en forme du texte ou placer des éléments sur la page.
Considérons un exemple simple de page HTML :

```
<!DOCTYPE html>
<html>
    <head>
        <meta charset="utf-8">
        <title> Exemple de site web </title>
    </head>

    <body>
        Bienvenue sur mon site!
    </body>
</html>
```

- <!DOCTYPE html> indique qu'il s'agit d'une page HTML.
- <html> est une balise qui est terminée par </html> et englobe tout le contenu de la page.
- L'en-tête de la page, délimité par <head> et </head>, contient des informations générales.
- <meta charset="utf-8"> indique l'encodage utilisé. En effet, un ordinateur ne peut fondamentalement manipuler que des 0 et des 1 (appelés bits) : il lui faut donc traduire tout caractère (lettre, chiffre...) en une suite de 0 et de 1, ce qui est donné par l'encodage. Ici on utilise l'encodage UTF-8, qui permet notamment d'encoder les lettres de tous les alphabets (latin, grec, russe, chinois...). Par exemple, la lettre A est codée par 01000001 en UTF-8.
- <title> Exemple de site web </title> spécifie le titre de la page web.
- Le contenu de la page est dans la balise <body> ... </body>.

Remarque : contrairement à Python, l'**indentation** et les sauts de ligne ne sont pas obligatoires en HTML.

Nous pouvons maintenant tester notre première page HTML : pour cela, on écrit le code ci-dessus dans un fichier que nous appelons par exemple page.html (l'extension .html signifiant que le fichier contient du code HTML). Nous pouvons ensuite ouvrir ce fichier dans un navigateur (ici Firefox) pour obtenir ceci :

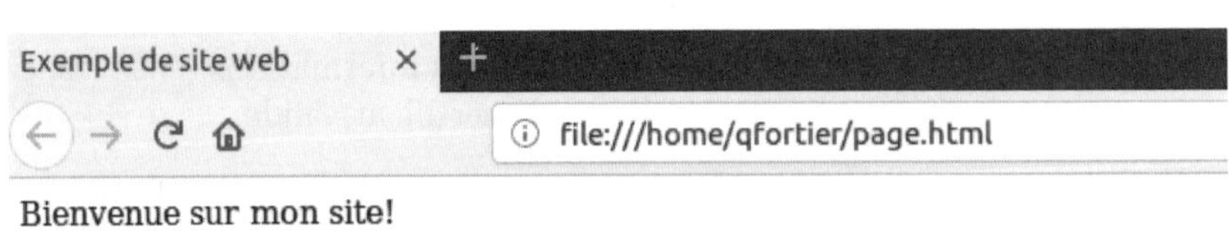

FIGURE 3.4: Rendu de la page HTML par Firefox

Ainsi, le code HTML est bien différent de l'affichage donné par le navigateur. Pour mieux s'en rendre compte, ouvrez une page quelconque sur le Web et faites Clic droit puis « Code source de la page » pour voir le code.

Il existe beaucoup d'autres balises utiles pour écrire du code HTML. En voici quelques-unes :

- `<b> ... </b>` : texte en gras
- `<i> ... </i>` : texte en italique
- `<br>` : saut de ligne
- `<a href = "dest"> ... </a>` : lien hypertexte vers une URL `dest`

■ Modifier l'apparence avec CSS

HTML est souvent utilisé conjointement avec **CSS** (Cascading Style Sheets).

Pour simplifier :

- Le code HTML correspond au fond de la page web (son contenu, sa sémantique)
- CSS définit la forme de la page (son aspect)

Exemple :

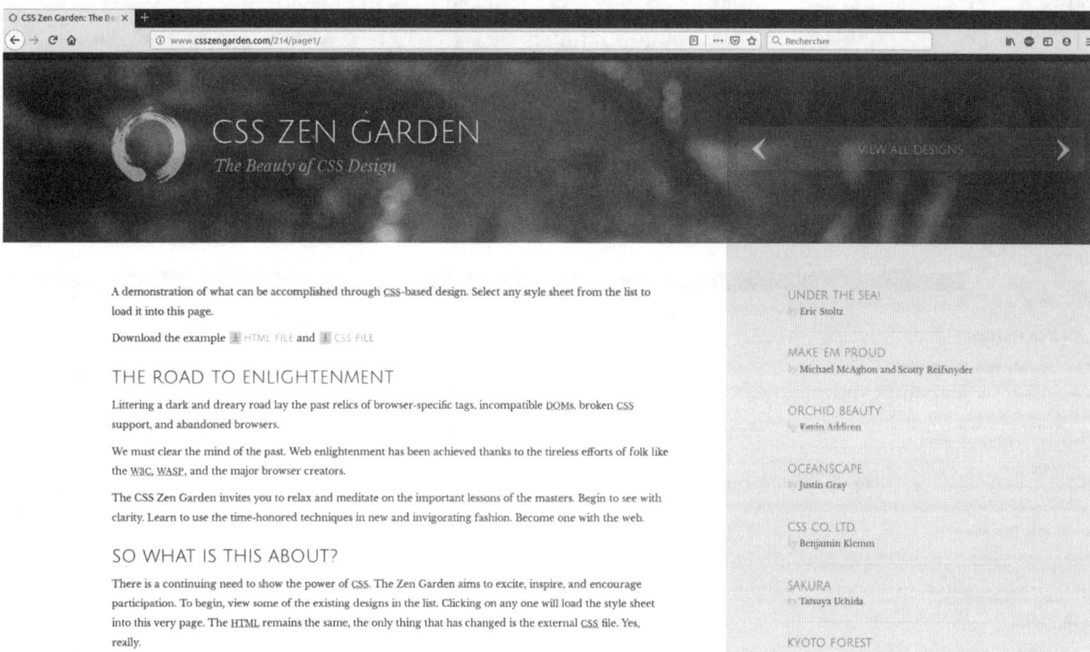

FIGURE 3.5: Une page HTML avec un style CSS (www.csszengarden.com)

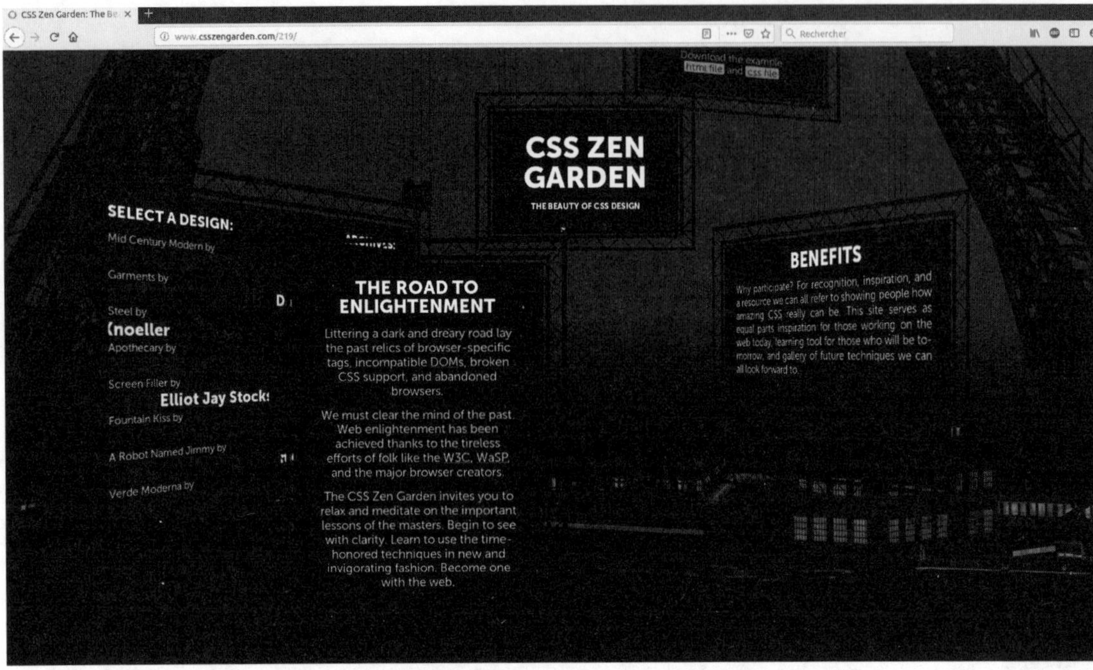

FIGURE 3.6: La même page HTML avec un autre style CSS

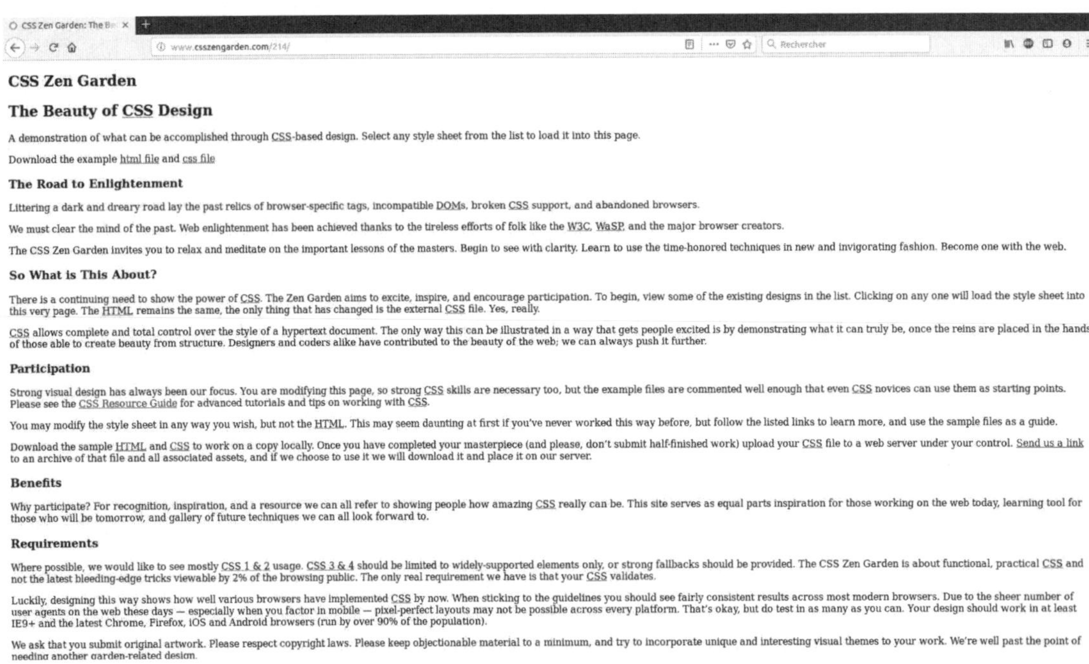

CSS Zen Garden

The Beauty of CSS Design

A demonstration of what can be accomplished through CSS-based design. Select any style sheet from the list to load it into this page.

Download the example html file and css file

The Road to Enlightenment

Littering a dark and dreary road lay the past relics of browser-specific tags, incompatible DOMs, broken CSS support, and abandoned browsers.

We must clear the mind of the past. Web enlightenment has been achieved thanks to the tireless efforts of folk like the W3C, WaSP, and the major browser creators.

The CSS Zen Garden invites you to relax and meditate on the important lessons of the masters. Begin to see with clarity. Learn to use the time-honored techniques in new and invigorating fashion. Become one with the web.

So What is This About?

There is a continuing need to show the power of CSS. The Zen Garden aims to excite, inspire, and encourage participation. To begin, view some of the existing designs in the list. Clicking on any one will load the style sheet into this very page. The HTML remains the same, the only thing that has changed is the external CSS file. Yes, really.

CSS allows complete and total control over the style of a hypertext document. The only way this can be illustrated in a way that gets people excited is by demonstrating what it can truly be, once the reins are placed in the hands of those able to create beauty from structure. Designers and coders alike have contributed to the beauty of the web; we can always push it further.

Participation

Strong visual design has always been our focus. You are modifying this page, so strong CSS skills are necessary too, but the example files are commented well enough that even CSS novices can use them as starting points. Please see the CSS Resource Guide for advanced tutorials and tips on working with CSS.

You may modify the style sheet in any way you wish, but not the HTML. This may seem daunting at first if you've never worked this way before, but follow the listed links to learn more, and use the sample files as a guide.

Download the sample HTML and CSS to work on a copy locally. Once you have completed your masterpiece (and please, don't submit half-finished work) upload your CSS file to a web server under your control. Send us a link to an archive of that file and all associated assets, and if we choose to use it we will download it and place it on our server.

Benefits

Why participate? For recognition, inspiration, and a resource we can all refer to showing people how amazing CSS really can be. This site serves as equal parts inspiration for those working on the web today, learning tool for those who will be tomorrow, and gallery of future techniques we can all look forward to.

Requirements

Where possible, we would like to see mostly CSS 1 & 2 usage. CSS 3 & 4 should be limited to widely-supported elements only, or strong fallbacks should be provided. The CSS Zen Garden is about functional, practical CSS and not the latest bleeding-edge tricks viewable by 2% of the browsing public. The only real requirement we have is that your CSS validates.

Luckily, designing this way shows how well various browsers have implemented CSS by now. When sticking to the guidelines you should see fairly consistent results across most modern browsers. Due to the sheer number of user agents on the web these days — especially when you factor in mobile — pixel-perfect layouts may not be possible across every platform. That's okay, but do test in as many as you can. Your design should work in at least IE9+ and the latest Chrome, Firefox, iOS and Android browsers (run by over 90% of the population).

We ask that you submit original artwork. Please respect copyright laws. Please keep objectionable material to a minimum, and try to incorporate unique and interesting visual themes to your work. We're well past the point of needing another garden-related design.

FIGURE 3.7: La même page HTML sans style CSS

Le code CSS doit être écrit dans un fichier `.css` (appelé **feuille de style**) séparé du code HTML.

Pour utiliser une feuille de style CSS, il faut modifier le code HTML :

```
<!DOCTYPE html>
<html>
    <head>
        <meta charset="utf-8">
        <link rel="stylesheet" href="style.css">
        <title> Exemple de site web </title>
    </head>

    <body>
       Bienvenue sur mon site! <br>
       Il est validé par le
       <a href = "https://www.w3.org"> World Wide Web Consortium (W3C) </a>.
    </body>
</html>
```

Ici, on indique avec `<link rel="stylesheet" href="style.css">` que l'on va utiliser une feuille de style `style.css` dont voici un exemple possible :

```
body {
    font-size: 30px;
    margin-left: 50px;
}

a {
    color: gray;
}
```

`body { ...}` signifie qu'on va modifier les propriétés des balises `<body>`.
`font-size` est une propriété spécifiant la taille du texte. Ainsi, la ligne `font-size: 30px;` a pour effet d'utiliser une taille de 30 pixels (la valeur par défaut est 16) pour le texte à l'intérieur de `<body> ... </body>`.
`margin-left` permet de régler la largeur des marges de gauche.
Le reste du code CSS modifie les liens hypertextes (et seulement ceux-ci !) pour les afficher en gris.
En ouvrant le fichier `page.html` avec un navigateur, on obtient alors :

HTML et CSS sont utilisés par la grande majorité des sites web. En plus, il est possible d'utiliser d'autres langages comme Javascript et PHP qui permettent de développer des sites dynamiques et interactifs.

Vrai/Faux

	Vrai	Faux
1. Une page web dont l'URL commence par `https://` est sûre et fiable.	☐	☐
2. Un navigateur web est nécessaire pour obtenir des informations sur le Web.	☐	☐
3. HTTP permet d'écrire des pages web.	☐	☐
4. Sauf exception, une balise HTML doit commencer par `<...>` et finir par `</...>`.	☐	☐
5. CSS doit obligatoirement être utilisé avec HTML.	☐	☐
6. Les cookies peuvent présenter un intérêt pour les internautes.	☐	☐
7. Un lien hypertexte est un texte cliquable menant vers une URL.	☐	☐

■■ Énoncé des exercices

Exercice 3.1 : Trouver le message caché par la fondation Mozilla (développant Firefox) sur sa page web `https://www.mozilla.org/fr`.

Exercice 3.2 : On souhaite implémenter une version minimaliste de l'algorithme PageRank du moteur de recherche Google. Par souci de simplicité, chaque page web sera numérotée.
Considérons seulement 5 pages web :

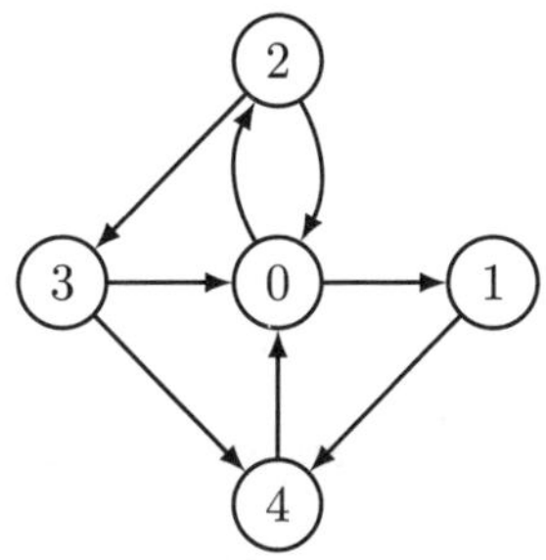

Chaque flèche représente un lien hypertexte. Ainsi, la page 0 possède un lien vers la page 1 et vers la page 2. Inversement, trois pages possèdent des liens vers la page 0 : les pages 2, 3 et 4.
En Python, on utilise une liste `web` contenant, pour chaque page web, la liste des liens contenus sur cette page (on verra au chapitre suivant qu'il s'agit de la représentation par liste d'adjacence du graphe du Web). Dans notre exemple, `web[0]` va donc contenir `[1, 2]`.
On donne alors l'algorithme suivant :

```
from random import choice

web = [[1, 2], [4], [0, 3], [0, 4], [0]]
passages = [0, 0, 0, 0, 0]
page = 2

for i in range(1000):
    page = choice(web[page])
    passages[page] = passages[page] + 1
```

On a ici utilisé la fonction `choice` qui permet d'obtenir un élément aléatoirement dans une liste. Cette fonction est importée depuis le module `random` avec `from random import choice`.

1. Comprendre et expliquer ce code. Quel est le rôle de chaque variable ?
2. Exécuter ce code puis donner l'ordre de « popularité » des pages donné par l'algorithme PageRank.

Exercice 3.3 : Aller sur `https://www.gouvernement.fr/composition-du-gouvernement` et télécharger le code HTML en faisant clic droit puis « Enregistrer sous... ». Modifier alors le contenu de la page pour afficher votre nom au lieu d'un ministre (bien sûr, cette modification est uniquement présente sur le fichier HTML téléchargé...).

Exercice 3.4 : Écrire une histoire « dont vous êtes le héros » où chaque page possède un lien hypertexte pour chaque choix possible dans l'histoire.
Voici un exemple, où `<ul>` sert à définir une liste et `<li> ... </li>` délimite un élément (choix) :

```
<!DOCTYPE html>
<html>
<head>
<meta charset="utf-8">
<title>Le début d'une grande aventure</title>
</head>

<body>
Vous incarnez Lancelot, un valeureux chevalier.
Un jour, un messager vous apprend que le Roi vous demande
de toute urgence.
<ul>
<li> <a href = "palais.html"> Vous rendre au palais royal
immédiatement. </a> </li>
<li> <a href = "messager.html"> Demander au messager de quoi
il retourne. </a> </li>
<li> <a href = "epee.html"> Faire un détour pour chercher
votre épée. </a> </li>
</ul>
</body>
</html>
```

FIGURE 3.8: Fichier debut.html

```
<!DOCTYPE html>
<html>
<head>
<meta charset="utf-8">
<title>Palais royal</title>
</head>

<body>
Alors que vous entrez dans le palais royal, un bruit
assourdissant s'échappe des cuisines.
<ul>
<li> <a href = "roi.html"> Passer votre chemin. </a> </li>
<li> <a href = "cuisine.html"> Aller voir aux cuisines.
</a> </li>
</ul>
</body>
</html>
```

FIGURE 3.9: Fichier palais.html

Exercice 3.5 : Expliquer pourquoi le mail suivant est probablement un hameçonnage (phishing) :

Lettre d'information de votre status sur impots.gouv.fr

Madame, Monsieur,

Vous avez choisi de télérégler vos impôts par Internet et nous vous en remercions.ou

Après les derniers calculs d'administration fiscale des crédits d'impôt sur le revenu, **nous avons déterminé que vous êtes admissible à recevoir un remboursement de notre part d'un montant de 400,00 €.**

Quelles sont les démarches à suivre pour effectuer mon remboursement d'impôts ?

Veuillez accéder à votre dossier personnel est mettre à jour vos coordonnées postales et bancaires pour que votre remboursement soit effectué dans les plus brefs délais et vous nous permettez dans les 3 jours ouvrables pour traiter votre situation.

>> Accéder à votre dossier personnel maintenant

ATTENTION! :
ce lien est valable pour une durée de 48 heures. Au-delà, vous devez recommencer la procédure de votre remboursement d'impôts.

Vous pouvez consulter les Conditions Générales d'utilisation de votre espace particulier.

En vous remerciant de votre confiance.

La Direction générale des finances publiques

Suivez-nous sur Twitter@dgfip_officiel et sur Facebook : Direction Générale des Finances Publiques

IMPOTS.GOUV.FR EST UN SITE DU MINISTÈRE DE L'ÉCONOMIE ET DES FINANCES

Corrigé des vrai/faux

1	2	3	4	5	6	7
F	F	F	V	V	V	F

1. Le protocole HTTPS permet une communication sécurisée avec un site web. Cependant, rien ne nous assure de la bienveillance du site vis-à-vis des données qu'on peut lui fournir.

2. Il est possible d'obtenir des ressources web autrement que par navigateur : par exemple en envoyant manuellement des commandes HTTP `GET`.

3. HTTP est un protocole pour échanger des ressources web mais ne permet pas d'écrire des pages web, contrairement à HTML.

5. CSS spécifie le style à utiliser dans une page HTML donc doit forcément être utilisé avec celui-ci. Par contre il est possible d'utiliser HTML sans CSS.

6. Les cookies peuvent être utiles pour mémoriser les paramètres utilisateurs, par exemple.

7. Un lien hypertexte peut aussi être contenu dans une image : dans ce cas on clique sur une image et non un texte.

Corrigé des exercices

Exercice 3.1

En faisant clic droit puis « Afficher le code source » sur la page `https://www.mozilla.org/fr` on trouve ce message de recrutement :

```
<!--
              _.-~-.
            7''  Q..\
         _7         (_
       _7  _/    _q.  /
     _7 . ___  /VVvv-'_                                            .
    7/ / /~- \_\\      '-._     .-'                      /       //
   ./ ( /-~-/||'=.__  '::. '-~'' {             ___   /  //     ./{
  V   V-~-~| ||   __''_   ':::.   ''~-~.___.-'' _/  // / {_   /  {  /
   VV/-~-~-|/ \ .'__'. '.    '::                     _ _ _        ''.
   / /~~~~||VVV/ /  \ )  \        _ __ ___   ___ ___(_) | | __ _   .::'
  / (~-~-~\\.-' /    \'   \::::. | '_ ` _ \ / _ \_  / | | |/ _` | :::'
 /..\    /..\__/      '     '::: | | | | | | (_) / /| | | | (_| | ::'
 vVVv    vVVv                 ': |_| |_| |_|\___/___|_|_|_|\__,_| ''

Hi there, nice to meet you!

Interested in having a direct impact on hundreds of millions of users? Join
Mozilla, and become part of a global community that's helping to build a
brighter future for the Web.

Visit https://careers.mozilla.org to learn about our current job openings.
Visit https://www.mozilla.org/contribute for more ways to get involved and
help support Mozilla.
-->
```

Exercice 3.2

1. `passage` est une liste comptant le nombre de fois que chaque page web a été visitée. `page` contient le numéro de la page en cours de visite. La boucle `for` se déplace 1000 fois par lien hypertexte en choisissant au hasard la prochaine page et en augmentant la bonne valeur de `passages`.

2. En exécutant le code, j'obtiens la valeur suivante pour `passages` :

   ```
   [3487, 1696, 1790, 897, 2130]
   ```

   L'algorithme considérerait donc que la page 0 est la plus populaire, puis 4, 2, 1 et enfin 3. **Remarque** : comme nous utilisons des probabilités, vos résultats peuvent être (légèrement) différents.

Exercice 3.3

En ouvrant le fichier dans un éditeur de texte puis en utilisant la fonction « Chercher et remplacer » de l'éditeur (normalement présente dans le menu « Édition »), on obtient par exemple :

Il est donc simple de « truquer » une page web...

Exercice 3.5

Il y a des fautes d'orthographes : « est mettre à jour » au lieu de « et mettre à jour », par exemple.
Comme souvent, le mail fait pression sur le destinataire en lui demandant d'agir rapidement (avant que celui-ci ne se pose trop de questions).
En laissant le pointeur de la souris sur le lien hypertexte, on pourrait constater que le site n'est pas le bon.

Chapitre 4

Les réseaux sociaux

Plus de la moitié des Français sont actifs sur un ou plusieurs réseaux sociaux. Ceux-ci ont modifié notre rapport aux autres mais aussi à l'information. Ils ont permis des retrouvailles, de garder le lien avec des personnes sinon oubliées. Certains en deviennent cependant totalement dépendants et se complaisent dans des relations virtuelles aux dépens des vrais rapports humains.

Un informaticien

Passionné d'informatique dès son adolescence, Mark Zuckerberg (né en 1984) lance en 2004, avec quelques amis, sa première version de Facebook, il n'a pas 20 ans ! D'abord destiné aux étudiants de Harvard, son université, le site est ouvert à tous en septembre 2006. Le succès est immédiat et se poursuit grâce à la création de nouvelles fonctionnalités. Son immense diffusion le place à des responsabilités éthiques que sont la confidentialité, la mise en ligne de propos racistes et haineux et la diffusion d'infox, *fake news* en anglais.

LE SAVIEZ-VOUS ?

L'anthropologue Robin Dunbar a estimé qu'un individu ne pouvait avoir plus de 150 relations humaines stables. Au-dessus de ce nombre la confiance mutuelle d'un groupe est compromise. Cet universitaire anglais a tiré cette conclusion d'une étude sur le cerveau des primates, sur l'observation des civilisations qui vivaient de chasse et de cueillette mais aussi de la taille des communautés villageoises dans l'Angleterre du XVIIIe siècle.
Aussi, ceux qui s'extasient d'avoir plus de mille amis sur Facebook, n'entretiennent certainement pas de liens avec la grande majorité d'entre eux !

OBJECTIFS

- Problématiques liées aux réseaux sociaux :
  - Reconnaître les « fake news »
  - Lutter contre le harcèlement numérique
  - Modifier les paramètres pour préserver sa vie privée
  - Connaître les lois en vigueur sur les réseaux sociaux
- Modélisation des réseaux sociaux :
  - Définir un graphe
  - Manipuler des graphes avec Python
- Expérimentations sur les réseaux sociaux :
  - Comprendre la théorie des six degrés de séparation
  - Étudier la notion de communauté

Cours

Les **réseaux sociaux** sont des applications basées sur les technologies du Web qui offrent un service de mise en relation d'internautes pour ainsi développer des communautés d'intérêts.
La publicité constitue le revenu principal de beaucoup de réseaux sociaux.

Exemples de réseaux sociaux

Voici quelques-uns des réseaux sociaux les plus utilisés :

Facebook

Facebook est créé en 2004 par des étudiants de l'université Harvard, dont Mark Zuckerberg. Initialement réservé aux étudiants de Harvard, il devient accessible à tous en 2006.
Un utilisateur de Facebook peut partager des messages, photos et vidéos avec une liste d'amis. Il est également possible de rejoindre des groupes d'intérêts communs autour d'un sujet précis.
Facebook revendique en 2019 plus de 2 milliards d'utilisateurs actifs chaque mois.

Twitter

Twitter est fondé en 2006 par Jack Dorsey, Noah Glass, Biz Stone, et Evan Williams. Un utilisateur peut envoyer de courts messages (des « tweets ») à ses « followers ».
Le nombre d'utilisateurs actifs de Twitter en 2019 dépasse 300 millions.

LinkedIn

LinkedIn est un réseau social à but professionnel : les utilisateurs peuvent y poster leur CV et consulter des offres d'emploi.
LinkedIn a été fondé en 2002 et comptabilise plus de 600 millions de membres, en 2019.

Fake news

Les « fake news » (infox, fausses nouvelles) sont très fréquentes sur les réseaux sociaux du fait de la rapidité du partage d'informations, la plupart du temps sans vérification. Bien qu'il s'agisse de fausses informations, les fake news peuvent avoir des impacts bien réels (choix politique, diffamation d'une personne...) Il est donc important d'analyser une information avec un esprit critique et de vérifier si la source est digne de confiance.

Harcèlement numérique

Le harcèlement existe aussi sur les réseaux sociaux et, là aussi, des lois existent pour protéger les victimes. Ainsi, l'article 222-33-2-2 du code pénal prévoit des peines pour le harcèlement (numérique ou non) qui vont jusqu'à 3 ans d'emprisonnement et 45000€ d'amende.
Le site `https://www.nonauharcelement.education.gouv.fr` a été mis en place pour aider les victimes et témoins de harcèlement.

■ Vie privée

Les réseaux sociaux sont souvent critiqués pour leur manque de respect de la vie privée de ses utilisateurs. Beaucoup de réseaux sociaux collectent des informations sur leurs utilisateurs pour ensuite les revendre ou les utiliser à des fins commerciales ou politiques.

Le scandale Facebook-Cambridge Analytica en est une illustration : la société Cambridge Analytica a collecté les informations personnelles de millions d'utilisateurs Facebook dans le but d'influencer des intentions de vote, notamment lors des élections présidentielles américaines de 2016.

Il est souvent possible de paramétrer certains aspects relatifs à la vie privée : par exemple, sur Facebook, on peut spécifier dans « Paramètres » qui peut voir ou publier dans le journal personnel.

Le règlement général sur la protection des données (RGPD) est un ensemble de lois européennes garantissant certains droits relatifs aux données personnelles. Ainsi, dans le cadre du droit à la portabilité des données, vous pouvez demander à récupérer les informations collectées par n'importe quel réseau social. Le « droit à l'oubli » vous permet de supprimer des données vous concernant, sur un réseau social ou un moteur de recherche.

FIGURE 4.1: Modification de paramètres sur Facebook

Il y a régulièrement des fuites de données sur les réseaux sociaux ou plus généralement sur les sites web. Une personne malveillante peut alors avoir accès aux données confidentielles des utilisateurs. Pour cette raison, il est conseillé de ne pas utiliser le même mot de passe sur différents réseaux sociaux et d'en modifier régulièrement.

■ Modélisation des réseaux sociaux

On peut modéliser les relations qu'il existe entre les utilisateurs d'un réseau social à l'aide d'un **graphe**, c'est-à-dire d'un ensemble de points (représentant les utilisateurs) et de traits (représentant les relations d'amitié entre ces utilisateurs).
Les points sont aussi appelés **sommets** et les traits **arêtes**.

Considérons un exemple simpliste de réseau social comportant 5 utilisateurs : Alice, Benjamin, Chloé, Dylan et Emma (auxquels on fera référence par les initiales A, B, C, D, E).

- A est ami avec B, D et E
- B est ami avec A et E
- C est ami avec D
- D est ami avec A et C
- E est ami avec A et B

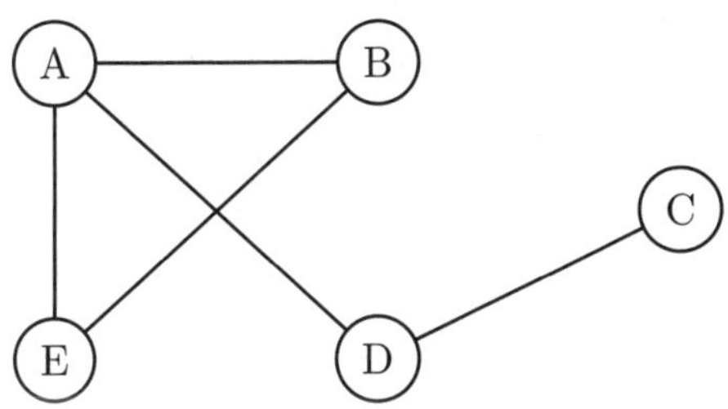

FIGURE 4.2: Graphe représentant les relations entre A, B, C, D, E

1. Le **degré** d'un sommet est le nombre d'arêtes dont il est l'extrémité (ici, cela correspond au nombre d'amis de cet utilisateur). Exemple : le degré de A est 3, le degré de C est 1.
2. La **distance** entre deux sommets est le nombre minimum d'arêtes qu'il faut parcourir pour aller de l'un à l'autre.
   Par exemple, la distance de D à E est 2 (en allant de D à A puis de A à E). La distance de B à C est 3 (avec le chemin B − A − D − C).
3. L'**excentricité** d'un sommet est la distance maximum de ce sommet aux autres sommets.
   A est à distance 2 de C et A est à distance 1 de B, D et E. Donc l'excentricité de A est égale à 2.
   B est à distance 1 de A et E, à distance 2 de D et à distance 3 de C. Donc l'excentricité de B est égale à 3.
4. Le **diamètre** est la distance maximum entre deux sommets quelconques.
   Le diamètre du graphe de la figure 4.2 est 3 car la distance de B à C est 3 et la distance entre deux sommets quelconques est au plus 3.
5. Le **rayon** d'un graphe est l'excentricité minimum des sommets de ce graphe.
   Comme les excentricités de A, B, C, D, E sont 2, 3, 3, 2, 3, respectivement, on en déduit que le rayon du graphe ci-dessus est 2.
6. Un sommet dont l'excentricité est minimum (c'est à dire égale au rayon) est appelé **centre**.
   Le graphe ci-dessus possède deux centres : A et D.

Cours

Implémentation des graphes en Python

Il existe plusieurs façons de stocker un graphe en Python. Nous allons utiliser ici ce qu'on appelle la représentation par **liste d'adjacence** d'un graphe.

On suppose dans toute la suite que les n sommets d'un graphe sont numérotés de 0 à $n-1$. On utilise alors une liste `G` de taille n telle que, pour tout entier `i` entre 0 et $n-1$, `G[i]` est la liste des sommets qui sont reliés au sommet `i`. Par exemple, en utilisant 0, 1, 2, 3, 4 au lieu de A, B, C, D, E dans le graphe de la figure 4.2, on peut le stocker de la façon suivante :

```
G = [[1, 3, 4], [0, 4], [3], [0, 2], [0, 1]]
```

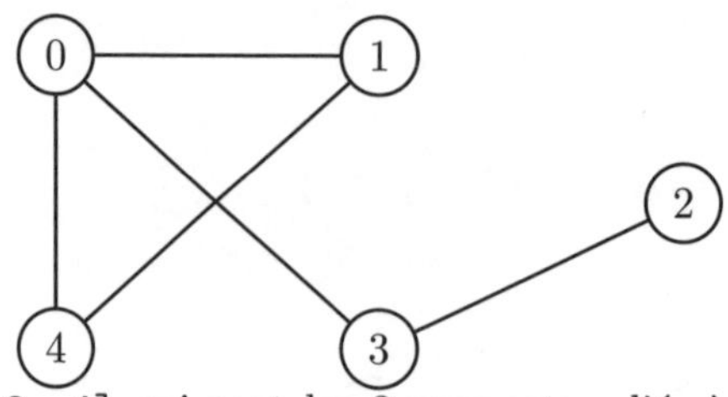

Ainsi, `G[0]` contient `[1, 3, 4]` qui sont les 3 sommets reliés à `0`, `G[1]` contient `[0, 4]` qui sont les deux sommets reliés à 1, etc.

Nous pouvons alors écrire des algorithmes en Python sur des graphes. Par exemple, la fonction `arete` suivante détermine si deux sommets sont reliés : `arete(G, i, j)` détermine si les sommets `i` et `j` sont reliés entre eux.

```
def arete(G, i, j):
    for e in G[i]:          # parcours de G[i] : la liste des sommets reliés à i
        if e == j:          # si l'élément e correspond au sommet j
            return True       # alors i et j sont bien reliés
    return False            # si j n'a pas été trouvé, i et j ne sont pas reliés
```

Par exemple, avec `G` tel que défini ci-dessus, `arete(G, 1, 4)` vaut `True` (1 et 4 sont reliés) mais `arete(G, 1, 2)` vaut `False` (1 et 2 ne sont pas reliés).

Petits mondes

On peut se demander quelle est la distance moyenne qui sépare deux utilisateurs d'un réseau social. En 1967, Stanley Milgram, un psychologue social américain, a préparé environ 300 lettres ayant chacune un destinateur cible. Il a ensuite envoyé chaque lettre à une personne au hasard, qui devait soit la renvoyer directement à la personne cible (s'il la connaissait) soit à une connaissance qui pouvait potentiellement la connaître. Ce processus était répété jusqu'à ce que le destinataire cible reçoive la lettre. Milgram a alors constaté que les lettres qui sont arrivées à destination sont passées par 6 personnes, d'où la célèbre théorie des « **six degrés de séparation** » : deux personnes seraient reliées par une chaîne de 6 relations en moyenne. Cependant, cette expérience a été critiquée du fait que beaucoup de lettres ne soient pas arrivées à destination.
En 2016, des chercheurs ont estimé à 4.57 la distance moyenne entre deux utilisateurs du graphe d'amitié de Facebook[1]. Ce nombre peut paraître étonnamment faible : les réseaux sociaux permettent de rapprocher des utilisateurs géographiquement très éloignés. On parle ainsi de **petits mondes**.

1. https ://research.fb.com/three-and-a-half-degrees-of-separation/

■ Communauté

Au sein d'un réseau social, on constate souvent la création de communautés, regroupant des personnes ayant des opinions politiques similaires, des centres d'intérêts communs, etc. Par exemple, les « hashtags » permettent aux utilisateurs de Twitter de communiquer avec d'autres utilisateurs autour d'un sujet précis. Ce phénomène de communauté comporte des avantages mais il peut aussi nuire à l'esprit critique de ses membres.
Un utilisateur d'un réseau social reçoit, par des systèmes de recommandation, des publicités et des suggestions d'ajout de contact qui dépendent entre autres de sa liste d'amis. On peut modéliser une communauté par une **clique** dans un graphe, c'est-à-dire un ensemble de sommets qui sont tous reliés entre eux.

Exemple : A, B, C forme une clique dans la figure 4.2. A, B, D ne forme pas une clique car B et D ne sont pas reliés entre eux.

La fonction `est_clique` ci-dessous est telle que, si `G` est un graphe représenté par liste d'adjacence et `S` une liste de sommets, `est_clique(G, S)` renvoie `True` si `S` forme une clique, `False` sinon. On réutilise la fonction `arete` définie précédemment.

```
def est_clique(G, S):
    for i in S:        # pour chaque sommet i de S
        for j in S:        # on regarde s'il est relié aux autres sommets j de S
            if i != j and not arete(G, i, j):
                return False
    return True
```

Si on trouve deux sommets `i` et `j` dans `S` qui ne sont pas reliés, on renvoie `False`. Sinon, tous les sommets de `S` sont reliés entre eux donc on peut renvoyer `True`.

Cours

Vrai/Faux

	Vrai	Faux
1. Je peux écrire n'importe quoi sur les réseaux sociaux, je ne risque rien sur Internet.	☐	☐
2. Plus d'un français sur deux est actif sur les réseaux sociaux.	☐	☐
3. Le diamètre d'un graphe est égal au double de son rayon.	☐	☐
4. La théorie des six degrés de séparation affirme que deux personnes quelconques sont séparées par une chaîne d'au plus six relations.	☐	☐
5. Dans le graphe suivant, les sommets 0, 1 et 3 forment une clique.	☐	☐

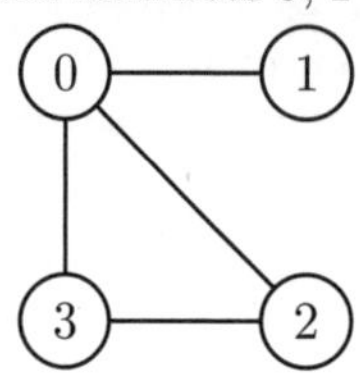

	Vrai	Faux
6. La représentation par liste d'adjacence du graphe ci-dessus est `[[1, 2, 3], [0], [0, 3], [0, 2]]`.	☐	☐
7. Le nombre maximum d'arêtes d'un graphe avec n sommets est $\frac{n(n-1)}{2}$, en supposant qu'il ne peut pas y avoir plusieurs arêtes entre deux sommets.	☐	☐
8. Dans un graphe, l'excentricité maximum d'un sommet est égal au diamètre.	☐	☐

Énoncé des exercices

Exercice 4.1* : Une personne malveillante décide d'envoyer une fausse nouvelle à 3 personnes. Le jour suivant, chacune de ces 3 personnes l'envoie à 3 nouvelles personnes, et ainsi de suite. Combien faudra t-il de jours avant que le monde entier l'ait reçu ?

Exercice 4.2 : Consultez les documents liés aux réseaux sociaux sur `https://www.cybermalveillance.gouv.fr/tous-nos-contenus/`.
Quelles sont les recommandations officielles ?

Exercice 4.3 : Donner une représentation par liste d'adjacence du graphe ci-dessous. Quel est son diamètre et son rayon ? Indiquer le(s) centre(s) du graphe.

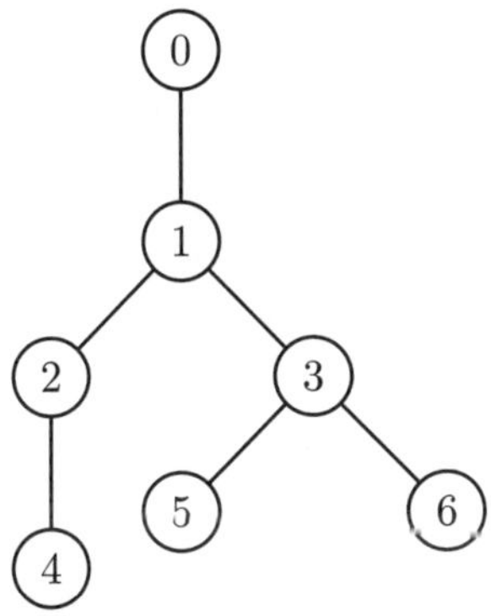

Exercice 4.4 : Il peut être intéressant de trouver la plus grande communauté dans un réseau social On a vu qu'une communauté peut être vue comme une clique (sommets tous reliés entre eux) dans un graphe. Dans les graphes suivants, quel est le nombre maximum de sommets d'une clique ?

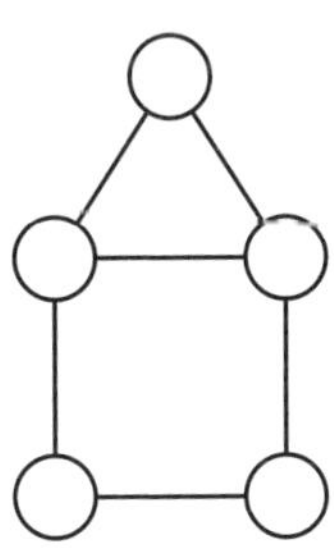

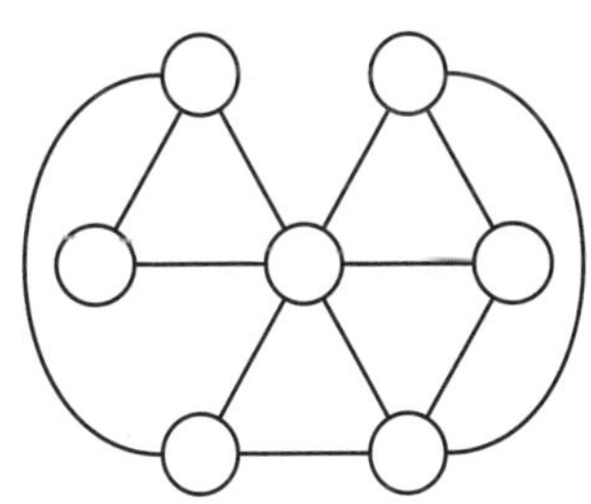

Exercice 4.5 : Écrire une fonction `degre` telle que `degre(G, i)` renvoie le degré du sommet `i` dans le graphe `G` représenté par liste d'adjacence.

Exercice 4.6 : Écrire une fonction `nb_aretes` renvoyant le nombre d'arêtes dans un graphe représenté par liste d'adjacence.

Exercice 4.7* : Proposer un algorithme en français pour calculer la distance entre deux sommets dans un graphe.

■■ Indications

Ex. 4.1

Commencer par trouver une formule sur le nombre de personnes ayant reçu la fausse nouvelle au bout de n jours (combien de personnes ont reçu la lettre au bout de 2 jours ? 3 jours ?). Puis, écrire un programme Python pour trouver le n minimal qui convient.

Ex. 4.7

Supposons que l'on souhaite calculer la distance entre deux sommets a et b. Comment peut-on connaître les sommets à distance 1 de a ? Puis ceux à distance 2 ?

Corrigé des vrai/faux

1	2	3	4	5	6	7	8
F	V	F	F	F	V	V	V

1. Des propos tenus sur des réseaux sociaux peuvent aboutir à des poursuites pénales (par exemple en cas de harcèlement, diffamation, injure, incitation à la haine...).

2. En 2018, une étude du CREDOC (Centre de recherche pour l'étude et l'observation des conditions de vie) a estimé à 59% la proportion de français utilisant des réseaux sociaux.

Graphique 75 – Proportion d'individus ayant participé, au cours des 12 derniers mois, à des réseaux sociaux (de type Facebook, Myspace, LinkedIn, etc.)
- Champ : ensemble de la population de 12 ans et plus, en % -

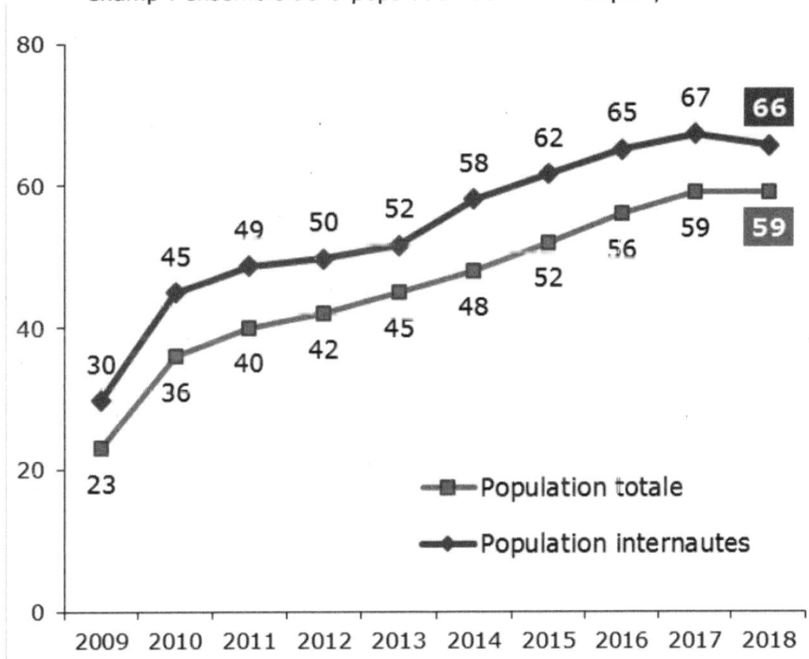

Source : CREDOC, Enquêtes sur les « Conditions de vie et les Aspirations ».

3. Le diamètre d'un graphe n'est pas forcément égal au double de son rayon. Par exemple, le graphe de la figure 4.2 a pour rayon 2 et pour diamètre 3.

4. On s'intéresse au nombre de relations **en moyenne**. Bien sûr, il est possible que des personnes particulières soient séparées par beaucoup plus de relations.

5. Il n'y a pas d'arête entre 1 et 3 donc les sommets 0, 1, 3 ne forment pas une clique.

7. Soit G un graphe avec n sommets et toutes les arêtes possibles entre ces sommets (un tel graphe est dit **complet**). Alors chaque sommet est l'extrémité de $n-1$ arêtes. Comme il y a n sommets, on compte donc $n \times (n-1)$ arêtes. Cependant, chaque arête est comptée deux fois de cette façon (pour chaque extrémité). G a donc $\boxed{\dfrac{n(n-1)}{2}}$ arêtes.

On peut vérifier ce résultat sur un exemple : avec $n = 4$ on obtient bien $\frac{4\times 3}{2} = 6$ arêtes.

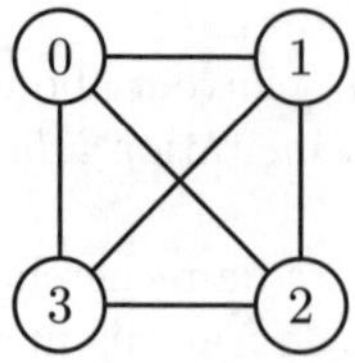

Corrigé des exercices

Exercice 4.1

Au bout d'un jour, 3 personnes ont reçu la « fake news ». Au deuxième jour, 3 personnes l'envoient à 3 autres personnes pour un total de 3×3 $(= 9)$ nouvelles personnes.
Au troisième jour, ces 9 personnes l'envoient à un total de $3 \times 9 = 2 \times 3 \times 3$ $(= 27)$ personnes.
On voit ainsi qu'au $n$ème jour, la « fake news » est envoyée à $\underbrace{3 \times 3 \times ... \times 3}_{n} = 3^n$ nouvelles personnes. Le nombre total de personnes ayant reçu la « fake news » au bout de n jours est donc $1 + 3 + 3^2 + 3^3 + ... + 3^n$.
On peut alors écrire un programme Python pour trouver à partir de quel n ce nombre va être supérieur à la population mondiale (environ 7,6 milliards en 2019) :

```
personnes = 1
n = 1
while personnes < 7600000000:
    personnes = personnes + 3**n
    n = n + 1
```

On trouve alors une valeur de n égale à 22 : il faudrait seulement 22 jours pour que la « fake news » ait atteint la terre entière.

Exercice 4.2

Voici les conseils liés aux réseaux sociaux :

Exercice 4.3

La représentation par liste d'adjacence de ce graphe est :

`[[1], [0, 2, 3], [1, 4], [1, 5, 6], [2], [3], [3]]`

Son diamètre est 4 (c'est la distance entre 4 et 6) et son rayon 2 (1 est à une distance d'au plus 2 de n'importe quel autre sommet). De plus, il n'y a que le sommet 1 qui ait une excentricité de 2 (égale au rayon), il s'agit donc du centre.

⚠ **Remarque :** Dans ce cas particulier, le diamètre est égal au double du rayon, mais cette relation n'est pas vraie en général ! Aussi, un graphe peut tout à fait avoir plusieurs centres.

Exercice 4.4

Voici les plus grandes cliques que l'on peut trouver (en noir) :

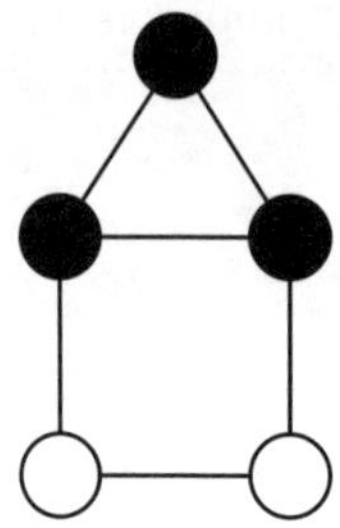

La plus grande clique contient 3 sommets

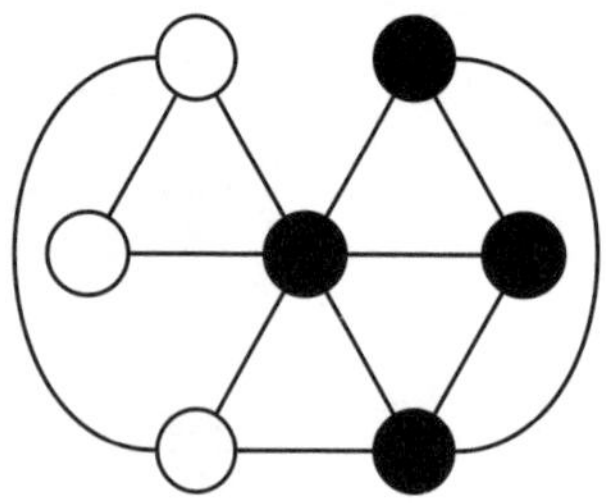

La plus grande clique contient 4 sommets

Exercice 4.5

Le degré du sommet `i` est le nombre d'éléments de la liste `G[i]`, que l'on peut obtenir par la fonction `len` :

```
def degre(G, i):
    return len(G[i])
```

Exercice 4.6

On peut additionner tous les degrés en remarquant qu'on compte ainsi deux fois chaque arête. Il faut donc diviser le résultat par 2.

```
def nb_aretes(G):
    res = 0          # on initialise le compteur à 0
    for i in range(len(G)):      # parcours de chaque sommet, il y en a len(G)
        res = res + len(G[i])    # ajout du nb de sommets qui y sont reliés
    return res/2
```

Exercice 4.7

Pour calculer la distance entre deux sommets a et b, on peut partir de a (qui est à distance 0 de a), puis déterminer les sommets à distance 1 de a (ce sont les sommets directement reliés à a), puis les sommets à distance 2 de a (ceux qui n'ont pas encore été traités et qui sont reliés à un sommet à distance 1), etc. On répète le processus jusqu'à trouver b.

```
d ⟵ 0
Tant que   b n'a pas été trouvé
    Pour   tout sommet s à distance d de a
        Pour   tout sommet t relié à s
            Si   t n'a pas encore été vu
                 Fixer la distance entre a et t à d + 1
            Fin Si
        Fin Pour
    Fin Pour
    d ⟵ d + 1
Fin Tant que
Retourner   d
```

Corrigé

Chapitre 5

Les données structurées et leurs traitements

L'informatique s'est révélée d'une très grande efficacité pour manier des fichiers immenses ce qui a permis aux entreprises comme à l'administration une gestion rapide et efficace. Pour y parvenir, des informaticiens ont conçu des algorithmes très astucieux et d'une grande fiabilité.

Un scientifique

Le mathématicien et informaticien américain Edgar Franck Codd (1923-2003) a conçu une théorie mathématique pour traiter de manière la plus efficiente les bases de données, appelée modèle relationnel. Elle consiste en une modélisation des relations entre les données et en la manière de les ordonner. Ses travaux furent récompensés par le prix Turing en 1981.

LE SAVIEZ-VOUS ?

En 1725 Basile Bouchon, un tisserand lyonnais, lassé des tâches automatiques, a l'idée d'utiliser un ruban perforé pour contrôler le passage de l'aiguille dans le tissu. Trois ans plus tard Falcon, l'un de ses associés remplace le ruban par des cartes perforées liées entre elles. En 1745 Jacques de Vaucanson utilise quant à lui un cylindre métallique percé de trous pour accomplir le même travail. Conjuguant ces différentes méthodes, Joseph-Marie Jacquard invente en 1801 le métier à tisser, première machine industrielle programmée.

OBJECTIFS

- Comprendre la notion de données structurées :
  - Savoir définir une donnée personnelle
  - Connaître les principaux formats de données structurées
  - Savoir identifier les descripteurs d'une donnée
- Traiter des données structurées :
  - Récupérer des données ouvertes sur des sites dédiés
  - Réaliser des opérations de recherche, tri, filtre ou calcul sur des tables de données
- Savoir retrouver les métadonnées d'un fichier
- Comprendre le fonctionnement du cloud et les enjeux associés

Cours

Historique

- **1725 :** Basile Bouchon invente un système de programmation utilisant un ruban perforé qui permet d'automatiser un métier à tisser.

- **1928 :** IBM fait breveter ses cartes perforées à 80 colonnes qui sont les premiers supports de stockage de données.

- **1956 :** Invention du premier disque dur, l'IBM 350, constitué de 50 disques de 24 pouces (61 cm) de diamètre et permettant de stocker environ 5 Mo de données.
  Actuellement on peut obtenir une capacité de stockage de 16 To (3 milliards de fois plus) sans dépasser les 3,5 pouces (9 cm).

- **1970 :** Invention du modèle relationnel, grâce à E. F. Codd, permettant de structurer et d'indexer des bases de données.

- **1979 :** Création du premier tableur : VisiCalc.

- **1997 :** Apparition du terme *Big Data*, faisant référence à des ensembles massifs de données générés par l'utilisation des outils numériques.

- **2000 :** Utilisation de la clé USB et de la carte SD comme supports de stockage.

- **2009 :** Le président Obama lance l'*Open Government Initiative* afin d'instaurer davantage de transparence dans la gouvernance.

Les données structurées

Lorsque l'on parle de **données structurées**, une **donnée** est une valeur (nombre ou chaîne de caractères) décrivant une entité (une personne, un objet, un événement).
Une même entité peut être décrite par plusieurs **descripteurs**.
Dans le cas des données portants sur un individu identifiable, on parle de **données personnelles**.

Exemple : Un contact dans son téléphone portable peut être décrit par les descripteurs 'Nom', 'Prénom', 'Numéro de téléphone', 'Adresse e-mail', 'Date de naissance'. Il s'agit évidemment de données personnelles.

Une **collection de données**, c'est-à-dire un ensemble des données décrivant plusieurs entités avec les mêmes descripteurs, peut être représentée à l'aide d'un tableur : les objets en ligne, les descripteurs en colonne. On parle aussi de **table de données**.

Exemple : L'application *Contacts* d'un téléphone contient une collection de données selon les descripteurs 'Nom', 'Prénom', 'Numéro de téléphone', etc.
Voici un extrait d'une telle collection, représentée à l'aide du logiciel LibreofficeCalc :

	A	B	C	D	E	F
1	**Nom**	**Prénom**	**Numéro de téléphone**	**Adresse e-mail**	**Date de naissance**	**Ville**
2	Green	Emma	0636623662	Emma.Green@adresse.fr	16/05/2002	Lyon
3	Gascon	Robert	0664585436	Robert.Gascon@adresse.fr	08/02/1988	Orléans
4	Villefort	Valentine	0682536846	Valentine.Villefort@adresse.fr	20/06/1994	Tours
5	Poclain	Alexandre	0625392637	Alexandre.Poclain@adresse.fr	11/02/1961	Nancy

FIGURE 5.1: Collection de données

Pour le contact Alexandre Poclain, la valeur du descripteur 'Date de naissance' est '11/02/61'. Tandis que pour le contact Valentine Villefort, la valeur du descripteur 'Ville' est 'Tours'.

Une **base de données** est un ensemble de collections de données pouvant être reliées entre elles.

Exemple : Dans la base de données d'un magasin on peut trouver un fichier client, un fichier de gestion du stock et un fichier des ventes réalisées.

Différents formats peuvent être utilisés pour représenter des données structurées, notamment les formats CSV, XML, JSON et VCF.

Exemple : Le format utilisé pour les contacts dans un smartphone est le format VCF (fichier vCard). Voici comment seraient enregistrées les données de la figure 5.1 selon les trois autres formats cités (ouverts avec un éditeur de texte) :

contacts.csv ×

```
Nom,Prénom,Numéro de téléphone,Adresse e-mail,Date de naissance,Ville
Green,Emma,0636623662,Emma.Green@adresse.fr,16/05/2002,Lyon
Gascon,Robert,0664585436,Robert.Gascon@adresse.fr,08/02/1988,Orléans
Villefort,Valentine,0682536846,Valentine.Villefort@adresse.fr,20/06/1994,Tours
Poclain,Alexandre,0625392637,Alexandre.Poclain@adresse.fr,11/02/1961,Nancy
```

FIGURE 5.2: Données de la figure 5.1 au format CSV

⚠ **Remarque :** On trouvera des fichiers CSV qui utilisent la virgule « , » comme séparateur de données (comme dans l'exemple), d'autres qui utilisent le point-virgule « ; ».
Il faut donc être vigilant si l'on choisit d'ouvrir un fichier CSV avec un tableur !
Lorsqu'on ouvre un fichier CSV avec LibreofficeCalc, une fenêtre s'ouvre automatiquement, entre autres pour sélectionner le bon séparateur. Un aperçu est proposé au bas de la fenêtre pour s'assurer que les données sont correctement structurées.

contacts.xml ×

```xml
<contact>
	<nom>Green</nom>
	<prenom>Emma</prenom>
	<numero>0636623662</numero>
	<email>Emma.Green@adresse.fr</email>
	<naissance>16/02/2002</naissance>
	<ville>Lyon</ville>
</contact>
<contact>
	<nom>Gascon</nom>
	<prenom>Robert</prenom>
	<numero>0664585436</numero>
	<email>Robert.Gascon@adresse.fr</email>
	<naissance>08/02/1988</naissance>
	<ville>Orléans</ville>
</contact>
<contact>
	<nom>Villefort</nom>
	<prenom>Valentine</prenom>
	<numero>0682536846</numero>
	<email>Valentine.Villefort@adresse.fr</email>
	<naissance>20/06/1994</naissance>
	<ville>Tours</ville>
</contact>
<contact>
	<nom>Poclain</nom>
	<prenom>Alexandre</prenom>
	<numero>0625392637</numero>
	<email>Alexandre.Poclain@adresse.fr</email>
	<naissance>11/02/1961</naissance>
	<ville>Nancy</ville>
</contact>
```

FIGURE 5.3: Données de la figure 5.1 au format XML

contacts.json

```
{
	"contacts": [
		{
			"nom": "Green",
			"prenom": "Emma",
			"numero": "0636623662",
			"email": "Emma.Green@adresse.fr",
			"naissance": "16/02/2002",
			"ville": "Lyon"
		},
		{
			"nom": "Gascon",
			"prenom": "Robert",
			"numero": "0664585436",
			"email": "Robert.Gascon@adresse.fr",
			"naissance": "08/02/1988",
			"ville": "Orléans"
		},
		{
			"nom": "Villefort",
			"prenom": "Valentine",
			"numero": "0682536846",
			"email": "Valentine.Villefort@adresse.fr",
			"naissance": "20/06/1994",
			"ville": "Tours"
		},
		{
			"nom": "Poclain",
			"prenom": "Alexandre",
			"numero": "0625392637",
			"email": "Alexandre.Poclain@adresse.fr",
			"naissance": "11/02/1961",
			"ville": "Nancy"
		}
	]
}
```

FIGURE 5.4: Données de la figure 5.1 au format JSON

Les fichiers au format PDF, JPG ou MP3 (par exemple) constituent également des données, mais non structurées. Cependant, à chacun de ces fichiers sont toujours associées des **métadonnées** indiquant, selon le type de fichier, une date, un auteur, une donnée de géolocalisation, un matériel utilisé (voir le chapitre Photographie numérique, à la page 141).

Exemple : Voici des métadonnées d'un fichier audio obtenues en effectuant un clic-droit sur le fichier et sélectionnant `Propriétés`.

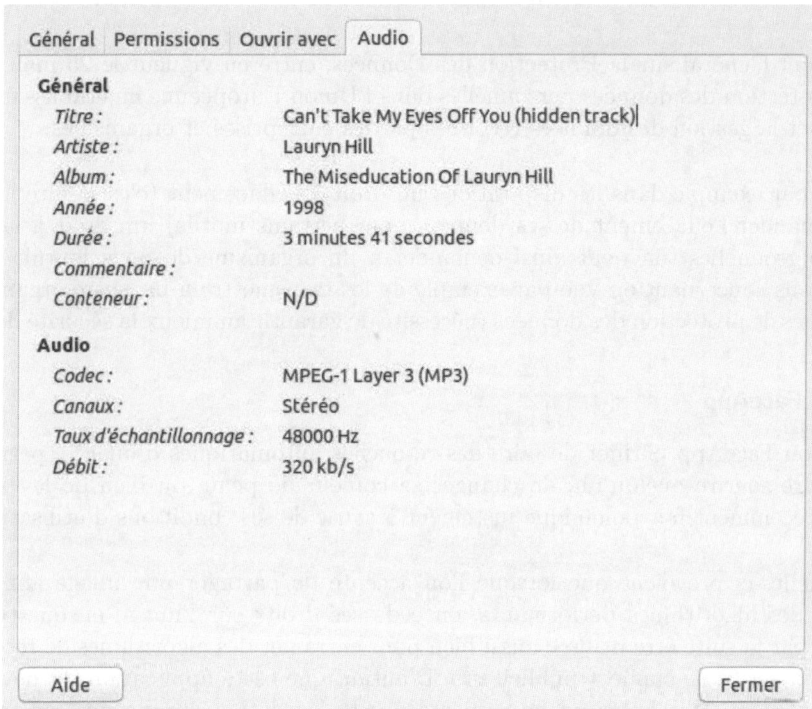

FIGURE 5.5: Métadonnées d'un fichier audio

■ Collecte des données

L'utilisation actuelle des outils numériques fait qu'une quantité incroyable de données sont stockées et exploitées, c'est ce qu'on appelle le **Big Data**.

Parmi ces données on retrouve celles renseignées par les utilisateurs de sites internet, par exemple lorsque l'on crée un compte sur un site de vente en ligne ou lorsque l'on s'inscrit sur un réseau social : on renseigne les champs 'Nom', 'Prénom', 'Date de naissance' etc. d'un formulaire. Ces données sont souvent transmises à des partenaires commerciaux ou des organismes qui pourront les exploiter. On trouve généralement une case à cocher à la fin des formulaires donnant notre accord pour la transmission de nos données à ces partenaires, qu'il suffit donc de ne pas cocher.

D'autres proviennent, comme on l'a vu dans le chapitre « web » (page 56) , des cookies créés lors de nos navigations sur Internet, ou encore des autorisations données lors du téléchargement d'applications sur smartphone ou tablette.

On peut ainsi transmettre, souvent sans même le savoir, des données de géolocalisation, relatives à notre activité sur Internet, voire issues de notre carnet d'adresse. Il est donc important de bien lire les conditions relatives à l'utilisation des données avant de télécharger une application.

Enfin, certaines données dites ouvertes (*Open Data*), sont publiques et libres de droits. On trouve par exemple un grand nombre de données de toutes sortes sur les sites `www.data.gouv.fr`, `www.insee.fr`, `opendata.paris.fr` et d'autres encore.

Le RGPD

Le Règlement Général sur la Protection des Données, entré en vigueur le 25 mai 2018, vise à renforcer la protection des données personnelles dans l'Union Européenne en établissant des règles sur la collecte et la gestion des données récoltées par les entreprises et organismes.

On trouve par exemple dans les dispositions un droit à l'effacement (c'est-à-dire le droit pour chacun de demander l'effacement de ses données pour certains motifs), un droit à la portabilité des données personnelles (on peut ainsi demander à un organisme de nous fournir les données personnelles nous concernant en vue par exemple de les transmettre à un autre organisme), ainsi que des principes de protection des données (nécessité de garantir au mieux la sécurité des données).

La polémique FaceApp

L'application FaceApp permet de faire des retouches automatiques d'images, permettant par exemple de faire sourire quelqu'un, de changer sa couleur de peau, ou bien de le vieillir. Cette application a récemment fait polémique justement à cause de ses conditions d'utilisation.

En effet, celles-ci prévoient que lorsque l'on accepte de partager une image afin de la faire retoucher par des algorithmes performants, on cède ses droits sur l'image en question. Celle-ci pourrait donc par la suite être utilisée aussi bien pour entraîner des algorithmes de reconnaissance faciale que pour servir de support publicitaire. D'autant que cette application est développée par une compagnie russe, WireLab, qui ne respecte pas la législation européenne, en particulier le RGPD.

■ Traitement des données structurées

Lorsque l'on dispose d'une table de données il peut être intéressant d'effectuer des opérations de recherche, de tri, de filtre ou bien des calculs sur les valeurs des descripteurs.

Exemple : Dans un fichier client on peut effectuer les opérations suivantes :

- Rechercher le numéro de téléphone d'un client pour le contacter
- Trier les données dans l'ordre alphabétique des noms de famille, puis des prénoms
- Filtrer les clients dans la catégorie 18-25 ans (publicité ciblée)
- Déterminer la répartition homme/femme des clients

On peut aussi croiser les informations de plusieurs tables de données issues d'une même base de données.

Exemple : Dans le but de distribuer des bons d'achat aux clients les plus fidèles d'un magasin, on peut commencer par filtrer les clients ayant effectué le plus d'achats dans le fichier des ventes, puis rechercher leurs adresses postales dans le fichier client.

Lorsque les données sont représentées sur un tableur on peut aisément effectuer des opérations sur celles-ci.

Exemple : Les données de la figure 5.1, représentées à l'aide de LibreofficeCalc, peuvent être triées pas ordre alphabétique en sélectionnant l'ensemble des données, puis en cliquant sur `Données > Trier` et en spécifiant comme clé de tri1 'Nom' et clé de tri2 'Prénom'.
On peut également filtrer les lignes en fonction de certaines valeurs en cliquant sur `Données > Filtrer`, ou bien simplement rechercher une valeur en l'inscrivant dans le champ « Rechercher » situé en bas à gauche.

Les données peuvent également être traitées par des algorithmes, par exemple en utilisant le language Python.

Exemple : Effectuons quelques opérations sur les données de la figure 5.1 :

- Dans un éditeur de texte (bloc-notes), on saisit les données au format CSV comme sur la figure , puis on enregistre le fichier sous le nom `contacts.csv` dans le répertoire de son choix.

- Dans le même répertoire, on enregistre le fichier `contacts.py` suivant :

```
File  Edit  Format  Run  Options  Window  Help

import csv      # import du module csv

fichier = open('contacts.csv', 'r')    # ouverture du fichier csv
lecteur = csv.reader(fichier)

# Créons une table des données

table = []          # initialement la table est vide
for ligne in lecteur:       # pour chaque ligne lue
    table.append(ligne)     # on ajoute la ligne à la table

fichier.close()     # fermeture du fichier

Ln: 14  Col: 0
```

FIGURE 5.6: fichier contacts.py ouvert avec Idle.

  Ce fichier peut être créé depuis n'importe quel éditeur Python, ici l'éditeur utilisé est Idle, il suffit ensuite de cliquer sur [Run] pour exécuter le script.

- Dans la console, on saisit `table` pour consulter la table des données. Il s'agit d'une liste de listes : chaque élément est constitué de la liste des valeurs associées à chaque descripteur d'un contact. On constate que le premier élément de la table correspond à la liste des descripteurs. On saisit donc `descripteurs = table[0]` (l'élément d'indice 0 de la table) pour créer la liste des descripteurs, puis `del table[0]` pour supprimer cet élément dans la table elle-même.

```
File  Edit  Shell  Debug  Options  Window  Help
============= RESTART: /home/lou/Documents/SNT/data/contacts.py =============
>>> table
[['Nom', 'Prénom', 'Numéro de téléphone', 'Adresse e-mail', 'Date de naissance', 'Ville'],
['Green', 'Emma', '0636623662', 'Emma.Green@adresse.fr', '16/05/2002', 'Lyon'], ['Gascon',
'Robert', '0664585436', 'Robert.Gascon@adresse.fr', '08/02/1988', 'Orléans'], ['Villefort',
'Valentine', '0682536846', 'Valentine.Villefort@adresse.fr', '20/06/1994', 'Tours'], ['Pocl
ain', 'Alexandre', '0625392637', 'Alexandre.Poclain@adresse.fr', '11/02/1961', 'Nancy']]
>>> descripteurs = table[0]
>>> descripteurs
['Nom', 'Prénom', 'Numéro de téléphone', 'Adresse e-mail', 'Date de naissance', 'Ville']
>>> del table[0]
>>> table
[['Green', 'Emma', '0636623662', 'Emma.Green@adresse.fr', '16/05/2002', 'Lyon'], ['Gascon',
'Robert', '0664585436', 'Robert.Gascon@adresse.fr', '08/02/1988', 'Orléans'], ['Villefort',
'Valentine', '0682536846', 'Valentine.Villefort@adresse.fr', '20/06/1994', 'Tours'], ['Pocl
ain', 'Alexandre', '0625392637', 'Alexandre.Poclain@adresse.fr', '11/02/1961', 'Nancy']]
>>> |
                                                                        Ln: 190  Col: 4
```

- Commençons par trier les contacts dans l'ordre alphabétique des noms de famille à l'aide de la fonction `sorted`. Cela fonctionne bien car le nom de famille est le premier élément de chaque contact. Comment faire pour trier la table dans l'ordre alphabétique des villes ?
Il faut commencer par écrire une fonction `ville` qui renvoie la ville d'un contact (information donnée par l'élément d'indice 5 de chaque contact), puis indiquer à la fonction `sorted` que l'on souhaite trier à l'aide de la clé `ville`.

```
File  Edit  Shell  Debug  Options  Window  Help
>>> sorted(table)
[['Gascon', 'Robert', '0664585436', 'Robert.Gascon@adresse.fr', '08/02/1988', 'Orléans'], [
'Green', 'Emma', '0636623662', 'Emma.Green@adresse.fr', '16/05/2002', 'Lyon'], ['Poclain',
'Alexandre', '0625392637', 'Alexandre.Poclain@adresse.fr', '11/02/1961', 'Nancy'], ['Villef
ort', 'Valentine', '0682536846', 'Valentine.Villefort@adresse.fr', '20/06/1994', 'Tours']]
>>> def ville(contact):
        return contact[5]

>>> sorted(table, key = ville)
[['Green', 'Emma', '0636623662', 'Emma.Green@adresse.fr', '16/05/2002', 'Lyon'], ['Poclain'
, 'Alexandre', '0625392637', 'Alexandre.Poclain@adresse.fr', '11/02/1961', 'Nancy'], ['Gasc
on', 'Robert', '0664585436', 'Robert.Gascon@adresse.fr', '08/02/1988', 'Orléans'], ['Villef
ort', 'Valentine', '0682536846', 'Valentine.Villefort@adresse.fr', '20/06/1994', 'Tours']]
>>> |
                                                                        Ln: 207  Col: 4
```

- Nous pouvons également extraire la liste des adresses électroniques (élément d'indice 3) :

```
File  Edit  Shell  Debug  Options  Window  Help
>>> def adresses(collection):
        adr = []                        # on part d'une liste d'adresses vide
        for contact in collection:      # on parcourt chaque contact de la collection
                adr.append(contact[3])  # on ajoute l'email à la liste des adresses
        return adr              # on renvoie la liste complète des adresses

>>> adresses(table)
['Emma.Green@adresse.fr', 'Robert.Gascon@adresse.fr', 'Valentine.Villefort@adresse.fr', 'Al
exandre.Poclain@adresse.fr']
>>> |
                                                                        Ln: 291  Col: 4
```

- Enfin, recherchons à qui appartient le numéro de téléphone 0682536846 (élément d'indice 2) :

```
File Edit Shell Debug Options Window Help
>>> def recherche_tel(num, collection):
        for contact in collection:      # on parcourt chaque contact de la collection
            if contact[2] == num:   # si le numéro est le bon
                return contact[0], contact[1]   # on retourne le nom et le prénom
        return 'numéro inconnu'

>>> recherche_tel('0682536846', table)
('Villefort', 'Valentine')
>>>
                                                                    Ln: 262  Col: 4
```

Remarque : En réalité la plupart des bases de données gérées par les serveurs de bases de données sont exploitées par des logiciels de gestion de bases de données comme MySQL (qui utilise le langage SQL). Ce n'est pas l'objet de ce cours, mais une requête SQL filtrant les clients ayant entre 18 et 25 ans et indiquant leurs nom et adresse, triés dans l'ordre alphabétique, a cette forme :

```
SELECT nom, adresse
FROM clients
WHERE age >= 18 AND age <= 25
ORDER BY nom
```


Le Cloud

Le **cloud computing** désigne l'utilisation de serveurs informatiques distants via un réseau comme Internet. Un **cloud** correspond à un ensemble de matériels et de logiciels, accessibles en permanence, pouvant servir à stocker des données mais aussi à les traiter en bénéficiant d'une importante puissance de calcul.

En plein essor, le cloud computing est en fait utilisé depuis plusieurs décénnies. En effet, lorsque l'on se connecte à sa messagerie électronique, il s'agit de cloud computing : les données de notre messagerie sont stockées sur des serveurs distants, sont accessibles à volonté et n'importe où, et peuvent être traitées (tri, filtre des messages, modification des paramètres, etc.) grâce à des logiciels présents sur ces serveurs.

Les entreprises utilisent de plus en plus les serveurs cloud, qu'elles louent avec différents services en fonction de leurs besoins (espaces de stockage, systèmes d'exploitation, logiciels). Cette pratique devient aussi de plus en plus courante chez les particuliers. Il est désormais possible gratuitement (ou parfois en payant pour davantage de services) de stocker l'ensemble des photos et vidéos de son smartphone à distance, et même de les synchroniser avec une tablette ou un ordinateur. De nombreux logiciels collaboratifs se sont également développés, permettant par exemple de travailler à plusieurs sur un même document. Enfin, on trouve d'autres applications comme le « cloud gaming », c'est-à-dire le fait de jouer à des jeux en utilisant des serveurs distants : le joueur n'installe pas le jeu sur son ordinateur et les logiciels de jeu tournent sur les serveurs distants.

Le cloud computing permet de ne pas investir dans du matériel de stockage et de bénéficier de logiciels et d'une puissance de calcul bien supérieure à ce que pourrait fournir un ordinateur personnel ou un smartphone.

Enjeux environnementaux

Le volume massif des données générées et traitées (Big Data) nécessite un nombre de plus en plus important de centres de données (datacenters), c'est-à-dire de bâtiments abritant des serveurs informatiques dédiés au stockage et à l'exploitation des données. C'est un réel enjeu environnemental du fait de leur consommation en métaux rares, en eau (refroidissement des serveurs) et surtout en électricité. On estime que d'ici 2030 la consommation énergétique de l'informatique constituera plus de 20 % de la consommation mondiale, dont un tiers attribué aux datacenters.

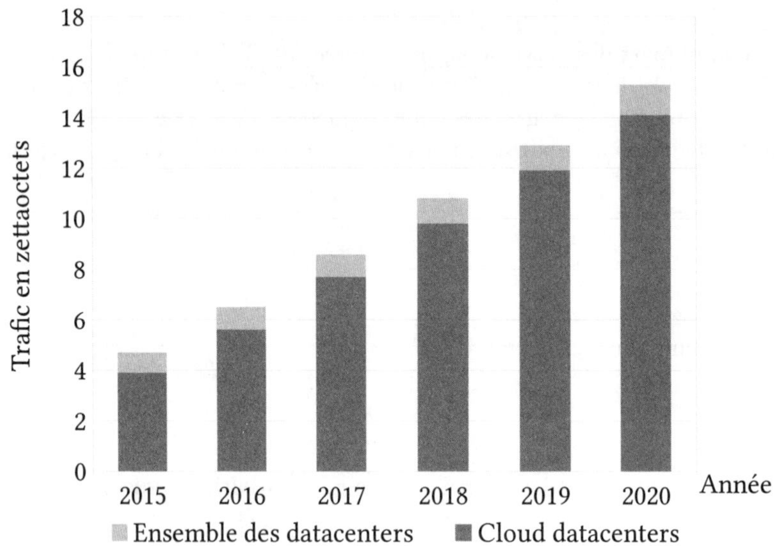

FIGURE 5.7: Évolution et prévision du trafic annuel des centres de données en zettaoctets ($1\text{ Zo} = 10^{12}$ Go soit mille milliards de gigaoctets)

■■ Vrai/Faux

	Vrai	Faux
1. Une adresse IP est une donnée à caractère personnel.	☐	☐
2. Le RGPD ne concerne que les pays de l'Union Européenne.	☐	☐
3. Les applications téléchargées sur un smartphone ne peuvent collecter que les données renseignées par l'utilisateur via un formulaire.	☐	☐
4. Les données ouvertes sont consultables librement mais ne peuvent pas être réutilisées à des fins commerciales.	☐	☐
5. Pour effectuer des opérations de tri, filtre ou recherche sur des données structurées, celles-ci doivent impérativement être au format CSV.	☐	☐
6. SQL est un langage informatique.	☐	☐
7. Seuls les photos, vidéos ou fichiers audio possèdent des métadonnées.	☐	☐
8. La vidéo à la demande utilise le cloud computing.	☐	☐
9. Le cloud gaming c'est le fait de télécharger des jeux vidéos sur son ordinateur personnel depuis le cloud.	☐	☐
10. Effacer régulièrement ses e-mails inutiles contribue à lutter contre le réchauffement climatique.	☐	☐

■■ Énoncé des exercices

Exercice 5.1 : Parmi les formats suivants, lesquels sont utilisés pour les données structurées ?

☐ XML ☐ PDF ☐ CSV ☐ JPEG ☐ MP3 ☐ VCF

Exercice 5.2 : Un concessionnaire automobile souhaite constituer une table de données sur ses véhicules d'occasion. Proposer une liste de descripteurs pouvant convenir.

Exercice 5.3 : Voici un extrait d'une table de données au format CSV. Quels peuvent être les descripteurs associés ?

```
Maison, Landerneau, 147000, 93
Appartement, Saint-Etienne, 240000, 170
Maison, Tours, 240000, 100
Appartement, Lyon, 395000, 61
Appartement, Nancy, 118000, 60
```

Exercice 5.4 : Saisir dans un fichier XML les données relatives à ses proches en utilisant les descripteurs suivant : 'nom', 'prenom', 'lien', 'anniversaire'.

Remarque : Pour créer un fichier XML il suffit d'ouvrir un éditeur de texte (bloc-notes) et d'enregistrer le fichier avec l'extension « .xml ».

Exercice 5.5* : Aller à l'adresse suivante :
`https://www.data.gouv.fr/fr/datasets/taille-des-colleges-et-des-lycees/#_`
(on pourra également effectuer la recherche « taille lycées » sur le site `data.gouv.fr`)
puis télécharger les données correspondant au format CSV.

1. Ouvrir le fichier avec un éditeur de texte (type bloc-notes). Quel symbole est utilisé pour séparer les différentes valeurs ?
2. Combien de descripteurs sont utilisés ?
3. Ouvrir le fichier avec un tableur comme LibreofficeCalc en faisant attention à bien sélectionner le bon type de séparateur.
4. Déterminer la taille des établissements dans lesquels étaient scolarisés la majorité des élèves des lycées publics d'enseignement général et technologique à la rentrée 2016.
5. Quelle était la taille majoritaire des lycées publics d'enseignement général et technologique à la rentrée 2016 ?

Remarque : On pourra utiliser la combinaison [CTRL] + [Z] pour annuler une action.

Exercice 5.6 : Aller à l'adresse suivante :
`https://www.data.gouv.fr/fr/datasets/indices-qualite-de-lair-citeair-journaliers-par-polluant-sur-lile-de-france-les-departements-les-communes-franciliennes-et-les-arrondissements-parisiens/#_`
(on pourra aussi effectuer la recherche « indices qualité de l'air Île de france » sur `data.gouv.fr`)
Bien lire le paragraphe concernant la nature des données proposées puis télécharger le fichier `indices_QA_commune_IDF_042018.csv`

1. Ouvrir le fichier CSV avec un tableur comme LibreofficeCalc. Les données sont triées selon quels descripteurs ?
2. Trier les données en fonction de l'indice de pollution au dioxyde d'azote (NO_2), puis filtrer les données correspondant à l'Île-de-France (code Insee : 0) afin de déterminer quel jour était le plus pollué en dioxyde d'azote en avril 2018.
3. Le 20/04/2018, quelles communes d'Île-de-France étaient les plus polluées en particules fines (descripteur : pm10) ?
4. Pendant combien de jours l'indice de pollution à l'ozone (O_3) a-t-il été supérieur à 45 dans le Val-de-marne au mois d'avril 2018 ?

Remarque : Il peut aussi être intéressant de consulter le fichier XML de métadonnées également disponible au téléchargement sur cette page.

Exercice 5.7 : On souhaite traiter la table de données ci-dessous :

```
fruits = [['fraise', 'rouge', 'sol', 'sans'], ['abricot', 'orange', 'arbre', 'noyau'],
['peche', 'orange', 'arbre', 'noyau'], ['cerise', 'rouge', 'arbre', 'noyau'],
['melon', 'vert', 'sol', 'pepins'], ['avocat', 'vert', 'arbre', noyau]]
```

1. Que fait la fonction `fct1` ? Que vaut `fct1(fruits)` ?
2. Que fait la fonction `fct2` ?
   Que valent `fct2(fruits, 1, 'rouge')` et `fct2(fruits, -1, 'noyau')` ?
3. Que fait la fonction `fct3` ? Que valent `fct3(fruits, 'fraise')` et `fct3(fruits, 'kiwi')` ?
4. Modifier la fonction `fct3` afin qu'elle renvoie la liste des valeurs de tous les descripteurs associés à l'objet si le nom a été trouvé, un message indiquant que `nom` n'a pas été trouvé sinon.

```
def fct1(table):
    return len(table), len(table[0])

def fct2(table, indice, valeur):
    c = 0
    for objet in table:
        if objet[indice] == valeur:
            compteur = compteur + 1
    return compteur

def fct3(table, nom):
    for objet in table:
        if objet[0] == nom:
            return True
    return False
```

Exercices

Exercice 5.8 : Effectuer une recherche sur Internet afin de compléter le tableau suivant, en cochant ce qui est mis à disposition de l'utilisateur selon les trois catégories de services proposées en cloud computing.
Lorsque l'on synchronise les photos et vidéos de son smartphone avec d'autres appareils grâce au cloud, lequel de ces modèles est utilisé ?

Modèle de services	Saas	PaaS	Iaas
Signification			
Applications			
Bases de données			
Système d'exploitation (OS)			
Serveur			
Stockage			
Réseau			

■■ Indications

Ex. 5.5

Pour déterminer la taille des établissements dans lesquels étaient scolarisés la majorité des élèves des lycées publics d'enseignement général et technologique à la rentrée 2016, on pourra commencer par trier les données en fonction des effectifs, puis filtrer les résultats correspondant à la rentrée 2016 et aux lycées d'enseignement général et technologique.

Corrigé des vrai/faux

1	2	3	4	5	6	7	8	9	10
V	V	F	F	F	V	F	V	F	V

1. Une donnée personnelle est une information relative à une personne physique identifiable directement ou indirectement. Une adresse IP permettant indirectement d'identifier un individu, il s'agit effectivement d'une donnée personnelle.

2. Le règlement s'applique tout de même aux entreprises hors UE dès lors qu'elles ciblent des résidents de l'UE.

3. Selon les conditions d'utilisation certaines applications peuvent accéder au carnet d'adresse, à la géolocalisation, aux photos, etc.

4. Les données ouvertes sont libres de droits et peuvent donc tout à fait être utilisées pour développer des applications. On trouve un grand nombre de réutilisations de données ouvertes à cette adresse : `https://www.data.gouv.fr/fr/reuses/`

6. SQL est un langage de requête structuré (*Structured Query Language*) servant à exploiter des bases de données relationnelles.

7. N'importe quel fichier possède des métadonnées, le nom du fichier constituant déjà une métadonnée.

8. Il y a encore quelques années, pour regarder un film il fallait disposer d'un DVD (ou d'une VHS) et d'un lecteur DVD (ou VHS). On pouvait aussi lire un film stocké sur un disque dur externe. Désormais, grâce au cloud, il suffit d'avoir sont téléviseur connecté à un service de vidéo à la demande pour visionner un film stocké sur un serveur distant.

9. Le cloud gaming permet justement de ne pas télécharger de jeu et de profiter de la puissance de calcul offerte par le matériel informatique des datacenters.

10. Le contenu de nos e-mails est stocké sur des serveurs, dans des datacenters, en les effaçant régulièrement cela contribue à réduire l'espace de stockage nécessaire. À eux seuls les datacenters contribuent pour 1/4 aux émissions de gaz à effet de serre générées par Internet.
Par ailleurs l'envoi d'un e-mail génère entre 0,3 et 4g de CO_2, et jusqu'à 50g avec des pièces jointes volumineuses et plusieurs destinataires.

Corrigé des exercices

Exercice 5.1

☒ XML ☐ PDF ☒ CSV ☐ JPEG ☐ MP3 ☒ VCF

Exercice 5.2

'Marque', 'Modèle', 'Année de mise en circulation', 'Motorisation', 'Carburant', 'Coloris', 'Kilométrage', 'Première main', 'Prix', etc.

Exercice 5.3

'Type de bien', 'Ville', 'Prix', 'Superficie'

Exercice 5.4

```
<proche>
    <nom>Lalie</nom>
    <prenom>Louis</prenom>
    <lien>Père</lien>
    <anniversaire>24/06</anniversaire>
</proche>
<proche>
    <nom>Lalie</nom>
    <prenom>Lucine</prenom>
    <lien>Soeur</lien>
    <anniversaire>21/10</anniversaire>
</proche>
<proche>
    <nom>Chalmeau</nom>
    <prenom>Aubertin</prenom>
    <lien>Ami</lien>
    <anniversaire>31/07</anniversaire>
</proche>
...
```

Exercice 5.5

1. Dans le fichier CSV on remarque que le séparateur utilisé est le point-virgule « ; ».

```
fr-en-taille-colleges-lycees.csv ×
Rentrée Scolaire;Type d'établissement;Classe d'effectifs;Borne inférieure de
la classe d'effectifs;Borne supérieure de la classe d'effectifs;Nombre
d'établissements publics;Effectif des établissements publics;Nombre
d'établissements privés;Effectif des établissements privés
2009;Lycées d'enseignement général et technologique;De 800 à 899
élèves;800;899;145;123 026;32;27 293
2010;Lycées d'enseignement général et technologique;De 200 à 299
élèves;200;299;32;8 404;144;35 579
2009;Lycées professionnels;De 700 à 799 élèves;700;799;43;31 869;4;2 922
2009;Collèges;De 300 à 399 élèves;300;399;915;322 026;273;95 156
2009;Collèges;De 600 à 699 élèves;600;599;670;432 273;114;73 255
2009;Collèges;De 700 à 799 élèves;700;799;360;268 225;73;54 767
```

2. 9 descripteurs sont utilisés dans cette table de donnée : 'Rentrée scolaire', 'Type d'établissement', etc.
3. Le fichier doit être ouvert en spécifiant que le séparateur utilisé est le point-virgule :

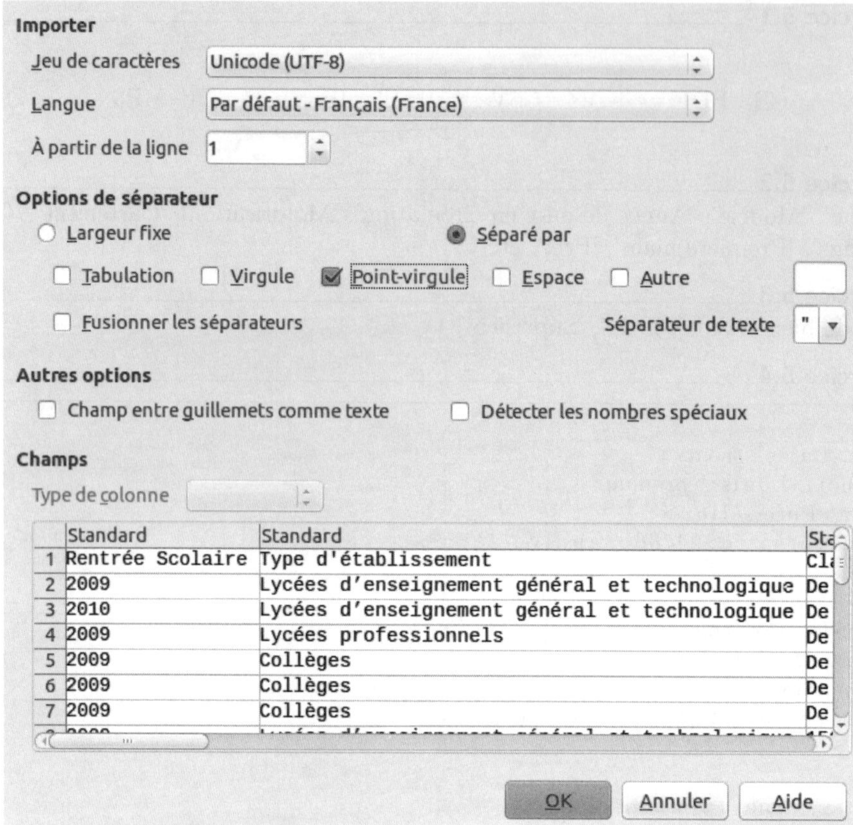

4. On commence par sélectionner `Données > Trier...`, puis on choisit la colonne G comme clé de tri1, en précisant un tri dans l'ordre décroissant.
   Une fois triées, on filtre les données en sélectionnant `Données > Filtre > AutoFiltre`, puis en choisissant pour la colonne A (cliquer sur la petite flèche apparue sur la case 'Rentrée') l'année 2016, et pour la colonne B 'Lycées d'enseignement général et technologique'.

	A	B	C	D	E	F	G
1	Rentrée	Type d'établissement	Classe d'effectifs	Borne inférieu	Borne supérie	Nombre d	Effectif des établissements public
20	2016	Lycées d'enseignement général et	1 500 élèves et plus	1500		245	449230
26	2016	Lycées d'enseignement général et	De 900 à 1 199 élèves	900	1199	415	434656
32	2016	Lycées d'enseignement général et	De 1 200 à 1 499 élèves	1200	1499	320	426886
60	2016	Lycées d'enseignement général et	De 700 à 899 élèves	700	899	253	201031
102	2016	Lycées d'enseignement général et	De 500 à 699 élèves	500	699	185	111484
143	2016	Lycées d'enseignement général et	De 300 à 499 élèves	300	499	147	60682
196	2016	Lycées d'enseignement général et	De 100 à 299 élèves	100	299	30	6166
222	2016	Lycées d'enseignement général et	Moins de 100 élèves		99	7	309
234							

À la rentrée 2016, la majorité des élèves des lycées publics d'enseignement général et technologique étaient scolarisés dans des établissements de plus de 1500 élèves.

5. Un nouveau tri doit être effectué, selon la colonne F et dans l'ordre décroissant.

	A	B	C	D	E	F
1	Rentrée	Type d'établissement	Classe d'effectifs	Borne inférieu	Borne supérie	Nombre d'établissements publics
41	2016	Lycées d'enseignement général et	De 900 à 1 199 élèves	900	1199	415
53	2016	Lycées d'enseignement général et	De 1 200 à 1 499 élèves	1200	1499	320
68	2016	Lycées d'enseignement général et	De 700 à 899 élèves	700	899	253
70	2016	Lycées d'enseignement général et	1 500 élèves et plus	1500		245
88	2016	Lycées d'enseignement général et	De 500 à 699 élèves	500	699	185
117	2016	Lycées d'enseignement général et	De 300 à 499 élèves	300	499	147
194	2016	Lycées d'enseignement général et	De 100 à 299 élèves	100	299	30
219	2016	Lycées d'enseignement général et	Moins de 100 élèves		99	7
234						

La majorité des lycées publics d'enseignement général et technologique à la rentrée 2016 avaient entre 900 et 1199 élèves.

Exercice 5.6

1. Les données sont triées dans l'ordre croissant selon le descripteur 'date', puis le descripteur 'ninsee'.
2. Le 20/04/2018 l'indice de pollution en dioxyde d'azote a atteint la valeur 63.
3. Après avoir trié les données dans l'ordre décroissant d'indice de pollution aux particules fines, puis filtré les résultats à la date du 20/04/2018, on constate que les deux communes les plus polluées sont celles dont le code Insee vaut 92035 et 92026. Une recherche web nous informe qu'il s'agit des communes de La Garenne-Colombes et de Courbevoie.
4. Après avoir trié les données dans l'ordre décroissant d'indice de pollution à l'ozone, puis filtré les résultats selon le code Insee 94, on constate que l'indice de pollution à l'ozone a été supérieur à 45 pendant 7 jours (non consécutifs).

Exercice 5.7

1. Cette fonction renvoie un couple, formé de la longueur de la table, c'est-à-dire du nombre d'objets de la table, et de la longueur du premier objet de la table, ce qui correspond au nombre de descripteurs. Ainsi, l'instruction `fct1(fruits)` renverra le couple `(6, 4)`.
2. `fct2(table, indice, valeur)` renvoie le nombre fois où apparaît `valeur` à la position `indice` parmi les objets de la table de données. Ainsi, `fct2(fruits, 1, 'rouge')` vaut 2 et `fct2(fruits, -1, 'noyau')` vaut 4 (on rappelle que l'indice -1 correspond au dernier terme d'une séquence).
3. `fct3(table, nom)` parcourt un à un les objets de la table, dès qu'elle trouve le mot `nom` comme valeur du premier descripteur, l'exécution se termine et on renvoie `True`. Si, après avoir tout parcouru, le mot `nom` n'a pas été trouvé, on renvoie `False`. Ainsi, `fct3(fruits, 'fraise')` vaut `True` et `fct3(fruits, 'kiwi')` vaut `False`.

```
>>> def fct4(table, nom):
        for objet in table:
            if objet[0] == nom:
                return objet
        return nom + ' ne figure pas dans la table'

>>> fct4(fruits, 'fraise')
['fraise', 'rouge', 'sol', 'sans']
>>> fct4(fruits, 'kiwi')
'kiwi ne figure pas dans la table'
```


Corrigé

Exercice 5.8

Modèle	Iaas	PaaS	Saas
Signification	*Infrastructure as a Service*	*Platform as a Service*	*Software as a Service*
Applications			X
Données			X
OS		X	X
Serveur	X	X	X
Stockage	X	X	X
Réseau	X	X	X

Lorsque l'on synchronise les photos et vidéos de son smartphone avec d'autres appareils grâce au cloud, utilise le modèle SaaS. Ce sont plutôt les entreprises qui utilisent les deux autres modèles.

Chapitre 6

Localisation, cartographie et mobilité

Le repérage par satellites des différents points de la Terre a modifié considérablement nos déplacements. L'invention du GPS par les Américains et désormais utile à chacun et la mise en place du système européen Galileo devrait encore améliorer la précision.

Un savant

Eratosthène dirigeait la célèbre bibliothèque d'Alexandrie au IIIe siècle avant notre ère. Grand mathématicien, il était aussi géographe : on lui doit la première carte du monde connu à l'époque. Pour le faire il avait repéré les latitudes et longitudes de différents lieux grâce à l'inclinaison du soleil. On était loin, bien sûr de la précision du GPS. Par une méthode analogue, Eratosthène a calculé la longueur de la circonférence de la Terre avec une très faible erreur.

LE SAVIEZ-VOUS ?

Suite au lancement du premier satellite artificiel Spoutnik 1 par les Russes en octobre 1957 les scientifiques américains George Weiffenbach et William Guier ont déterminé sa trajectoire grâce à l'effet Doppler. Pourquoi ne pas inverser les choses et utiliser des satellites pour déterminer une position sur la Terre ? L'US Navy met au point le programme *Transit* au début des années 1960 puis se joint à l'US Air Force pour imaginer le GPS.

OBJECTIFS

- Coordonnées géographiques :
  - Maîtriser le vocabulaire : latitude, longitude, méridien
  - Connaître les unités de mesure : degré, minute d'arc, seconde d'arc
- Localisation par satellites :
  - Comprendre le principe du système GPS
  - Analyser une trame NMEA
- Plateforme cartographique :
  - Utiliser Géoportail et OpenStreetMap
  - Calculer une distance
  - Trouver un itinéraire

■■ Cours

■ Historique

- 1973 : Lancement du GPS par l'armée américaine.
- 1978 : Mise en orbite du premier satellite GPS.
- 2004 : Création de la plateforme OpenStreetMap.
- 2004 : Mise en ligne de Google Maps, d'abord pour les États-Unis puis pour le reste du monde.
- 2006 : Lancement de Géoportail.
- 2020 : Mise en service prévue de Galileo, censé être plus précis que le système GPS.

■ Coordonnées

Pour situer un point de la surface terrestre, on utilise des coordonnées géographiques appelées latitude et longitude, qui sont des angles exprimés en degrés.

La **latitude** d'un point varie de -90° (pôle sud) à 90° (pôle nord) et renseigne sur la position par rapport à l'équateur (l'équateur a pour latitude 0°).

La **longitude** d'un point varie de -180° à 180° et mesure l'angle par rapport au méridien de Greenwich.

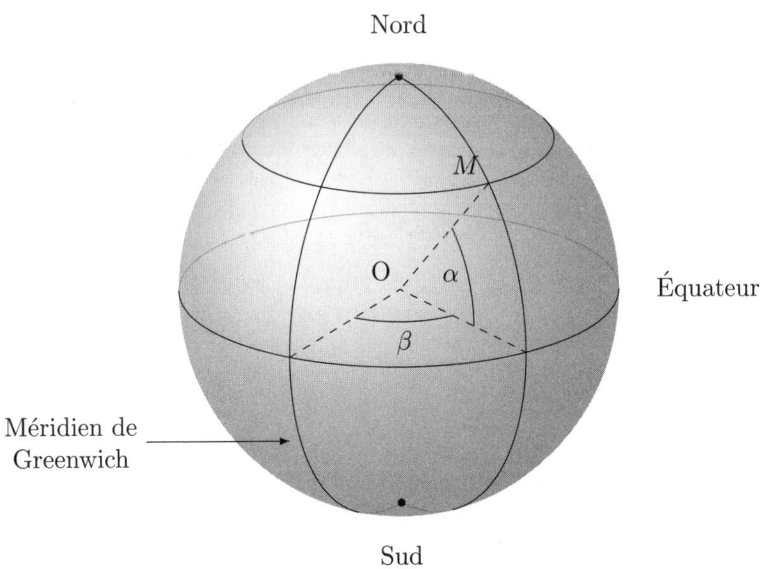

FIGURE 6.1: M a pour latitude α et longitude β

Cours

On peut aussi s'intéresser à l'**altitude** par rapport au niveau de la mer.

Pour plus de précision, on utilise parfois la **minute d'arc**, symbolisée par « ' » : 1° = 60'. Une minute d'arc peut elle-même être subdivisée en secondes d'arcs de symbole « " » : 1' = 60".

Exemple : La tour Eiffel est située à la latitude 48° 51' 30" (48 degrés 51 minutes d'arc et 30 secondes d'arc) et à la longitude 2° 17' 40" (2 degrés 17 minutes d'arc et 40 secondes d'arc).

Localisation par satellites

Le système **GPS** (Global Positioning System, « Système mondial de positionnement » en français) utilise environ 30 satellites en orbite autour de la Terre. Chaque satellite émet des signaux contenant la position du satellite et l'heure d'émission du signal.

Un récepteur GPS peut capter un tel signal et en déduire le temps qu'il a mis pour arriver (heure de réception – heure d'émission).
Il peut alors connaître sa distance d au satellite (« d = vitesse × temps », où la vitesse du signal est celle de la lumière, c'est à dire environ 300 m/s).

Cette information ne suffit pas pour connaître la position du récepteur GPS sur la Terre : les points à distance d du satellite forment une sphère qui intersecte la Terre en un cercle (qui serait l'ensemble des positions possibles).

Cependant, si l'on connaît la distance à deux autres satellites, on peut connaître la position terrestre de façon exacte : l'intersection de quatre sphères (3 satellites et la Terre) est un point unique, dans notre cas.

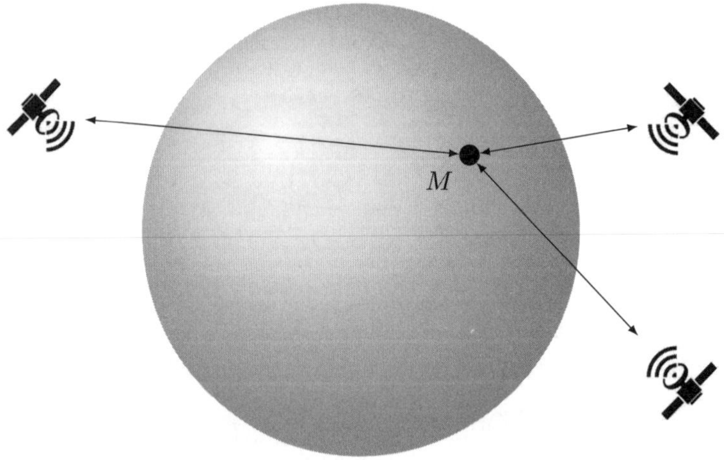

FIGURE 6.2: Il est possible de retrouver la position d'un point M à partir de sa distance à trois satellites

En pratique, chaque endroit sur Terre est constamment survolé par au moins quatre satellites GPS : il en faut un de plus pour synchroniser les horloges du récepteur avec celles des satellites.

La localisation de votre téléphone ou ordinateur utilise très probablement ce principe. La distance à une borne Wi-Fi peut aussi être utilisée pour déterminer la position plus précisément. Il est possible, dans les paramètres de votre appareil, de désactiver la géolocalisation.

Le système européen **Galileo**, en cours de déploiement jusqu'en 2020, devrait permettre une précision accrue.

■ Bases de données cartographiques

Géoportail

Géoportail (`https://www.geoportail.gouv.fr`) est une plateforme dédiée à la cartographie mise en service par l'État français. Il permet de visualiser le territoire français à l'aide d'un **fond** (photographies aériennes, cartes géologiques...) auquel on peut superposer des **couches** (musées, réseau ferroviaire...).

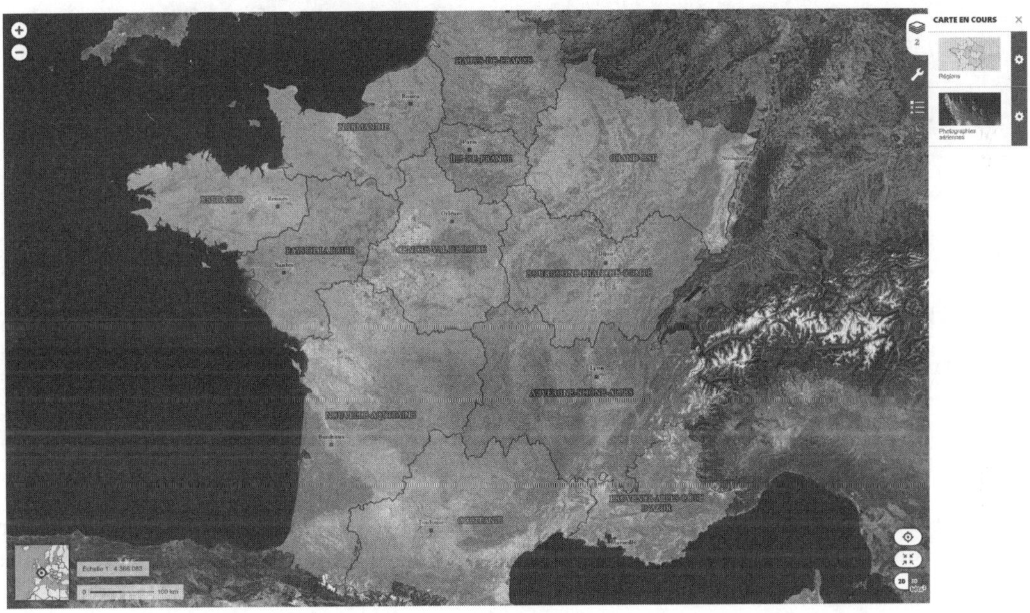

FIGURE 6.3: Carte sur Géoportail avec le fond « Photographies aériennes » et la couche « Régions »

L'**échelle** d'une carte est le rapport entre une distance sur la carte et la distance réelle.

Exemple : Une échelle de 1 : 10000 signifie que 1 cm sur la carte correspond à 10000 cm, c'est-à-dire 100 m, en réalité. On peut aussi directement calculer une distance ou une surface en utilisant les outils de Géoportail.

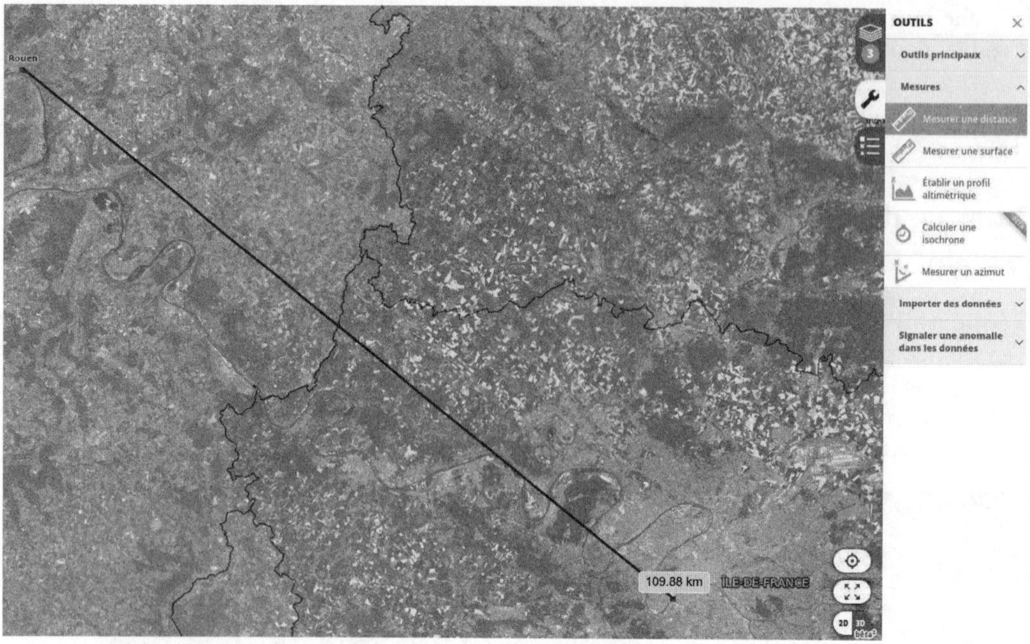

FIGURE 6.4: Distance de Rouen à Paris

Il est possible de chercher un lieu par son nom ou par ses coordonnées géographiques.

OpenStreetMap

OpenStreetMap (`https://www.openstreetmap.org`) est un projet cartographique libre et collaboratif : tout le monde peut ajouter ou corriger des informations.

■ Calcul d'itinéraire

Les cartes numériques et la géolocalisation ont grandement simplifié la recherche d'itinéraire. Par exemple, sur OpenStreetMap il est possible de chercher le chemin le plus court (que ce soit en temps ou en distance) d'un point à un autre en cliquant sur le bouton suivant : .

Pour ce faire, un **algorithme de plus court chemin** est utilisé. Il existe de nombreuses façons de calculer un plus court chemin, plus ou moins efficaces suivant le type de carte.

L'**algorithme de Dijkstra**, inventé par Edsger Dijkstra en 1959, est l'un des plus connus. Cet algorithme utilise un graphe (voir chapitre « Réseaux sociaux ») où chaque sommet représente une position (ville par exemple) et chaque arête représente une route possédant une longueur.

Exemple : Considérons un exemple simplifié de graphe :

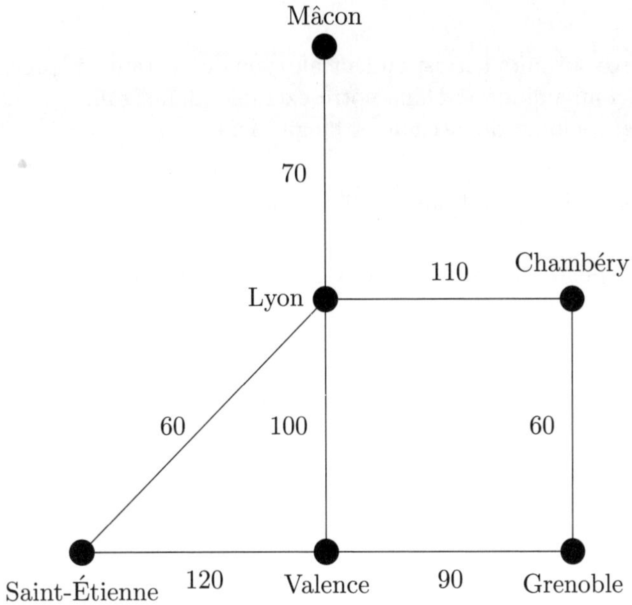

FIGURE 6.5: Réseau routier simplifié autour de Lyon.
Chaque arête est une route annotée par sa longueur, en kilomètres

Sur ce graphe, on peut lire par exemple que la distance entre Lyon et Saint-Etienne est de 60km. Quel est le plus court chemin pour aller de Grenoble à Mâcon ?

En énumérant toutes les possibilités, on voit que le chemin Grenoble – Chambéry – Lyon – Mâcon, de longueur $60 + 110 + 70 = 240$km est le plus court (par exemple, le chemin Grenoble – Valence – Lyon – Mâcon est plus long, car il fait 260km).

Cependant, énumérer toutes les possibilités pour une carte réelle prendrait trop de temps. L'algorithme de Dijkstra procède de façon plus intelligente, en calculant la distance de la ville de départ (ici Grenoble) à toutes les autres villes, de proche en proche.

■ Trame NMEA

Pour échanger des informations de localisation, il faut que les différents appareils puissent se comprendre. La **norme NMEA 0183** est un protocole de communication mis au point par la National Marine Electronics Association (NMEA) et notamment utilisé pour la navigation maritime.

Exemple : Voici une trame (paquet d'informations) NMEA 0183 :

```
$GPGLL,2736.45,N,10321.12,W,134244,A
```

Cours

- Une trame commence toujours par `$`.

- `GP` signifie que l'information provient d'un récepteur GPS.

- Les trois caractères suivants correspondent au type de la trame et précise donc quelles sont les informations communiquées. Dans notre exemple, `GLL` signifie que la trame contient les coordonnées géographiques de latitude et longitude.

- `2736.45,N` correspond à la latitude 27°36'45" Nord.

- `10321.12,W` correspond à la longitude 103°21'12" Ouest (West en anglais).

- `134244` donne l'heure du calcul de position : 13 h 42 min 44 s UTC.

- `A` signifie que la trame est valide.

Vrai/Faux

	Vrai	Faux
1. L'échelle d'une carte renseigne sur l'altitude.	☐	☐
2. Le système GPS utilise quatre satellites pour localiser un point particulier sur Terre.	☐	☐
3. La latitude du pôle Nord est égale à 90°.	☐	☐
4. Le GPS est le seul système permettant la géolocalisation.	☐	☐
5. L'algorithme de Dijkstra permet de trouver un plus court chemin (d'une ville à une autre, par exemple).	☐	☐
6. La norme NMEA sert à localiser un appareil.	☐	☐
7. 34°12'54" (34 degrés 12 minutes d'arc et 54 secondes d'arc) et 34,215° désignent le même angle.	☐	☐
8. Galileo ne permettra que la localisation en Europe.	☐	☐

Énoncé des exercices

Exercice 6.1 : En utilisant Géoportail ou OpenStreetMap, trouver les coordonnées géographiques (latitude et longitude) du château de Chambord.
Que peut-on trouver aux coordonnées (latitude : 45.83267°, longitude : 6.86517°) ?

Exercice 6.2 : En Python, écrire une fonction `distance` telle que, si un satellite a envoyé à l'instant `t1` un signal, qui a ensuite été reçu à l'instant `t2` par un récepteur, `distance(t1, t2)` renvoie la distance en kilomètres entre le satellite et le récepteur.
On supposera que `t1` et `t2` représentent le nombre de secondes écoulées depuis une certaine date de référence fixée et on pourra utiliser la vitesse de la lumière : $c \approx 300\ 000$km/s.

Exercice 6.3 : En utilisant Géoportail, trouver la distance (à vol d'oiseau) de la tour Eiffel à l'Arc de triomphe.

Exercice 6.4 : Trouver le temps de trajet (en voiture) pour aller de Lille à Marseille.

Exercice 6.5 : Donner l'heure et les coordonnées d'acquisition de la trame NMEA 0183 suivante :

```
$GPGLL,4835.07,N,235.47,E,203712,A
```

Exercice 6.6 : Il y a plus de 2000 ans, le scientifique grec Ératosthène a réussi à estimer la circonférence de la Terre. Pour cela, il a constaté qu'à midi à Syène, les rayons du Soleil sont à la verticale. Le même jour à la même heure, à Alexandrie, les rayons lumineux forment un angle α avec un bâton planté au sol verticalement.

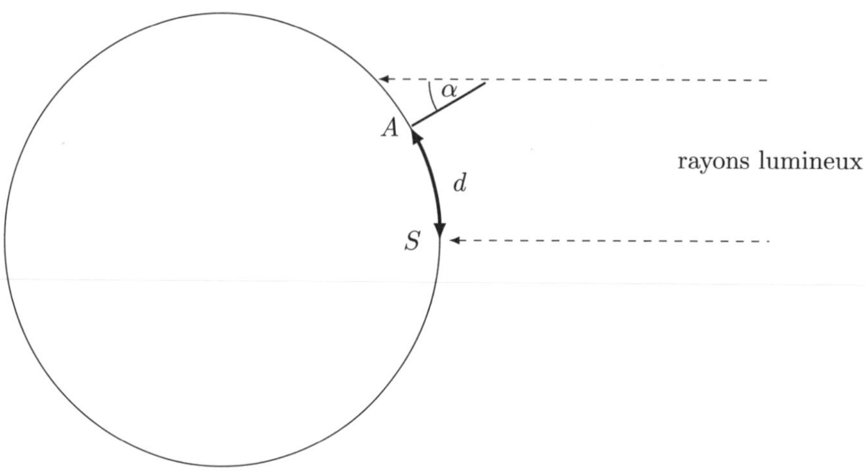

1. Estimer la circonférence de la Terre en fonction de α et de la distance d de Alexandrie (A) à Syène (S).
2. Application numérique : donner la circonférence trouvée avec les valeurs d'Ératosthène : $d = 800$km et $\alpha = 7.2°$.

Exercice 6.7 : Trouver le plus court chemin de A à B dans le graphe suivant et donner sa longueur (chaque arête possède une longueur exprimée en kilomètres).

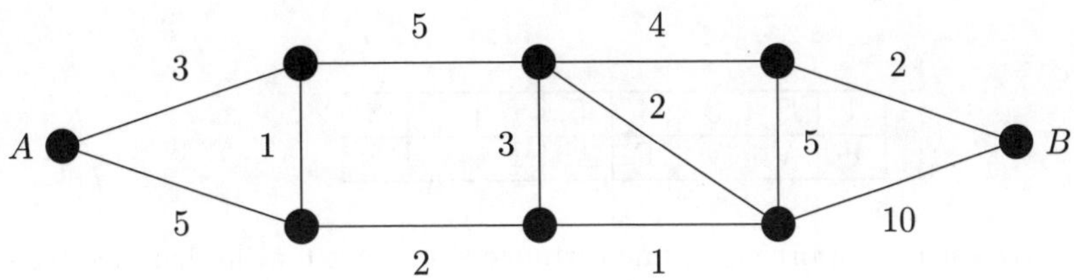

Corrigé des vrai/faux

1	2	3	4	5	6	7	8
F	V	V	F	V	F	V	F

1. L'échelle d'une carte est le rapport entre une distance sur la carte et la distance réelle.

4. D'autres systèmes de localisation que le GPS existent, comme par exemple Galileo (Europe), GLONASS (Russie) ou Beidou (Chine).

6. La norme NMEA permet de communiquer des informations de localisation, mais pas de localiser.

7. Une minute d'arc vaut $1/60$ de degré. Donc 12 minutes d'arc correspondent à $12/60 = 0,2$ degré. De même, 54 secondes d'arc correspondent à $54/60$ secondes d'arc, ou encore $54/3600 = 0,015$ degré. Donc 34°12'54" correspond à $34 + 0,2 + 0,015 = 34,215$ degrés.

8. Galileo est développé par l'Union européenne, mais permettra la localisation en n'importe quel point du globe terrestre.

■■ Corrigé des exercices

Exercice 6.1

On trouve que le château de Chambord est situé à la latitude 47.616093° et longitude 1.516911°. Le mont Blanc se situe aux coordonnées (45.83267°, 6.86517°).

Exercice 6.2

```
def distance(t1, t2):
    temps = t2 - t1              # temps est en secondes
    vitesse = 300000             # vitesse de la lumière en km/s
    return vitesse * temps       # le résultat est bien en km
```

Exercice 6.3

Avec l'outil « Mesurer une distance », on trouve que la tour Eiffel et l'Arc de triomphe sont séparés de 1,73km.

Exercice 6.4

En utilisant OpenStreetMap, on trouve qu'il faut environ 10h pour aller de Lille à Marseille.

Exercice 6.5

Cette trame a été prise à la latitude 48°35'7", longitude 2°35'47" et à 20h37m12s.

Exercice 6.6

D'après le cours de mathématiques sur les angles alternes-internes, α mesure aussi l'angle ci-dessous :

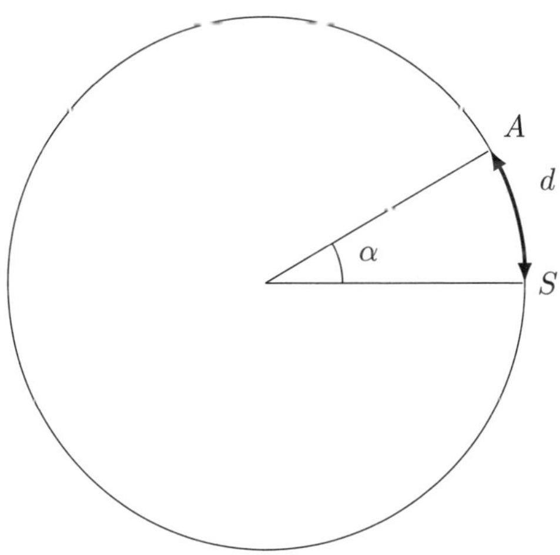

1. Si l'angle α correspond à une longueur d sur Terre, alors 360° (un tour complet) correspondent à une circonférence $\boxed{\dfrac{360}{\alpha} \times d}$.
2. Application numérique : on trouve une circonférence de $\frac{360}{7{,}2} \times 800 = 40000$km, ce qui est très proche de la réalité.

Corrigé

Exercice 6.7

Par tâtonnement, on trouve que le chemin en pointillés est le plus court (de longueur 14km) :

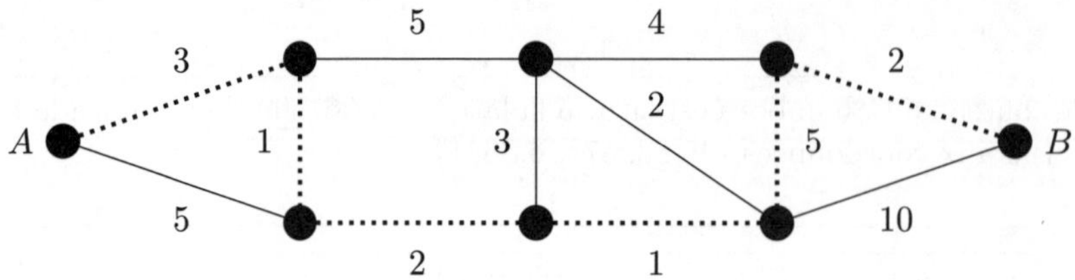

Chapitre 7

Informatique embarquée et objets connectés

Les premiers systèmes embarqués ont permis la réussite voici 50 ans de la mission Apollo 11 qui fit débarquer deux hommes sur la lune. De nos jours, nous possédons tous des objets connectés dont la puissance leur est de très loin supérieure. Leur conception s'est faite grâce à la miniaturisation des processeurs, en particulier des transistors qui en sont un élément essentiel. Leur fonctionnement nécessite la mise au point de nombreux algorithmes.

Un ingénieur

Charles Stark Draper (1901-1987) a su conjuguer ses compétences scientifiques et son talent d'ingénieur pour concevoir de nombreux instruments de guidage, de contrôle, destinés à la navigation aérienne dans le cadre d'un laboratoire qu'il a fondé en 1932. Il fut un pionnier dans le développement de la modélisation de la simulation. Dans ce cadre-là, il a dirigé la conception de l'ordinateur de guidage embarqué dans les vaisseaux spatiaux de la mission Apollo.

LE SAVIEZ-VOUS ?

On doit au savant américain, d'origine hongroise, John Von Neumann un modèle de structure des processeurs, élaboré en 1944. Il contient une unité de traitement, une unité de contrôle, une mémoire et un module d'entrée et sortie. Ce modèle est toujours le même aujourd'hui.

OBJECTIFS

- Analyser un système embarqué :
  - Distinguer microcontrôleur, capteur et actionneur
- Comprendre les enjeux des interfaces homme-machine :
  - Situer historiquement l'évolution des interfaces homme-machine
- Concevoir une application pour smartphone :
  - Utiliser App Inventor
  - Utiliser les capteur du smartphone
  - Programmer par blocs
- Prendre conscience des problèmes de sécurité liés aux objets connectés

Cours

Historique

- 1948 : Invention du transistor, composant essentiel des processeurs.
- 1967 : Première utilisation d'un système embarqué pour la mission lunaire Apollo.
- 1971 : Intel crée le premier processeur.
- 1984 : L'Airbus A320 est le premier avion équipé de commandes électriques informatisées.
- 1999 : Introduction de la notion d'« Internet des objets » (Internet of Things) qui désigne l'ensemble des objets connectés, c'est à dire les systèmes embarqués connectés entre eux par Internet.

Systèmes embarqués

Un **système embarqué** est un système électronique et informatique autonome. Il sert souvent à effectuer une tâche particulière au sein d'un mécanisme plus large. Ainsi, un ordinateur n'est généralement pas considéré comme un système embarqué (il est trop général).

Voici quelques exemples de systèmes embarqués :

- Dans une voiture : la radio, la climatisation, le GPS, etc.
- Dans un four micro-ondes : le minuteur, la lumière, etc.
- Dans un smartphone : l'appareil photo, l'alarme, le système de verrouillage, etc.

Un système embarqué comporte souvent :

- Un **microcontrôleur** composé notamment d'unités mémoires et d'un **microprocesseur**, capable d'exécuter des instructions.
- Des **capteurs** pour obtenir des informations du monde réel (température, luminosité, etc.).
- Des **actionneurs** pour agir sur le monde réel (afficher un résultat, faire tourner un moteur, etc.).

Interface homme-machine (IHM)

Souvent, l'utilisateur peut interagir avec un système embarqué à l'aide d'une **interface homme-machine** :

- Un **dispositif d'entrée** (clavier, souris, bouton, reconnaissance vocale, etc.) de l'IHM permet à l'utilisateur de donner des informations ou des commandes au système embarqué.
- Un **dispositif de sortie** (écran, LED, son, etc.) de l'IHM permet à l'utilisateur d'obtenir des informations du système embarqué.

FIGURE 7.1: Un exemple d'interface homme-machine : le cockpit de l'A380

L'informatique n'étant plus réservée aux informaticiens, il a fallu concevoir des interfaces homme-machine intuitives et pratiques à utiliser. L'**ergonomie** est un domaine de recherche multidisciplinaire visant à étudier et améliorer les relations entre l'être humain et les systèmes.
Voici quelques exemples d'innovations en matière d'interface homme-machine :

- **Sketchpad** (1963) est le premier programme informatique à disposer d'une interface graphique complète. Il est également un précurseur de la conception assistée par ordinateur : à l'aide d'un crayon optique, l'utilisateur peut dessiner un objet pour ensuite le produire industriellement.
- La **souris** est inventé en 1968 par Douglas Engelbart.
- En 1984, le **Macintosh** devient le premier grand succès commercial intégrant une souris et une interface graphique.
- 2012 : l'Oculus Rift fait connaître la **réalité virtuelle** au grand public. Ce casque de réalité virtuelle simule un environnement en interaction avec l'utilisateur.

■ Conception d'une application Android

Dans cette partie, nous allons créer une application pour le système d'exploitation Android (développé par Google) sur smartphone. La création de l'application se fera simplement grâce à l'outil par navigateur App Inventor.

Allez sur `http://ai2.appinventor.mit.edu` avec un ordinateur et créez un compte Google si vous n'en avez pas déjà. Choisissez Français comme langue et créez un nouveau projet pour obtenir l'écran suivant :

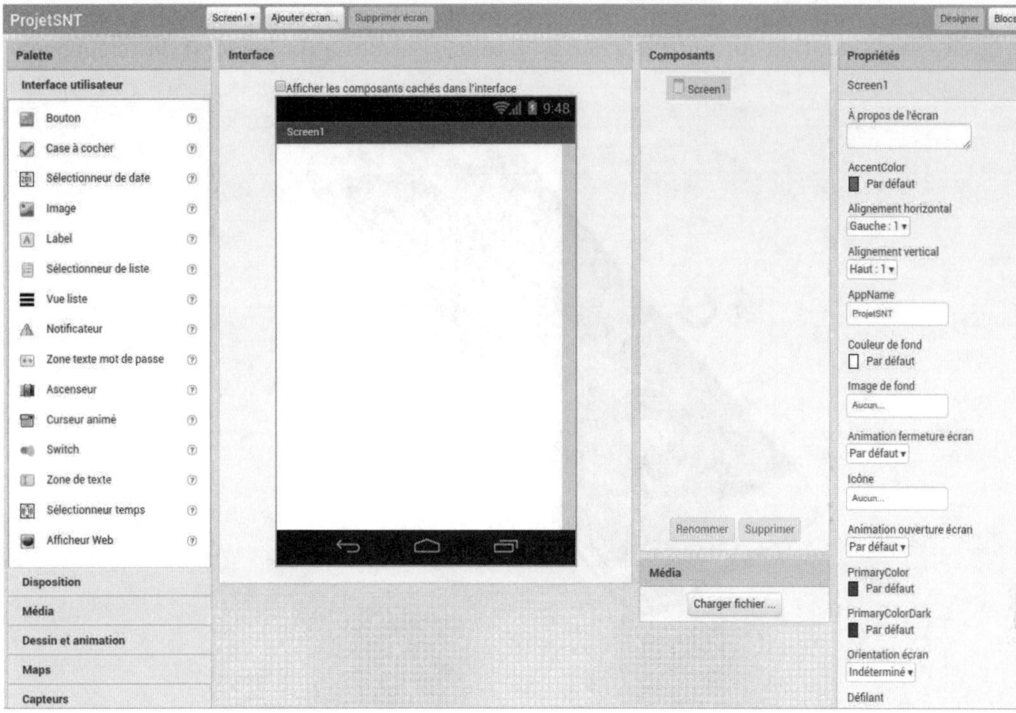

La fenêtre du milieu (Interface) permet de voir l'apparence de l'application. À gauche (Palette), il est possible de rajouter des éléments.

Cliquez sur « Dessin et animation » puis rajoutez un « Cadre » sur l'interface à l'aide d'un glisser-déposer : clic gauche sur « Cadre » en laissant appuyé et relâchez sur l'interface.
Un cadre est une portion de l'écran sur laquelle il est possible de faire des dessins.
Agrandissez le cadre en modifiant sa hauteur et sa largeur en sélectionnant « Remplir parent... » :

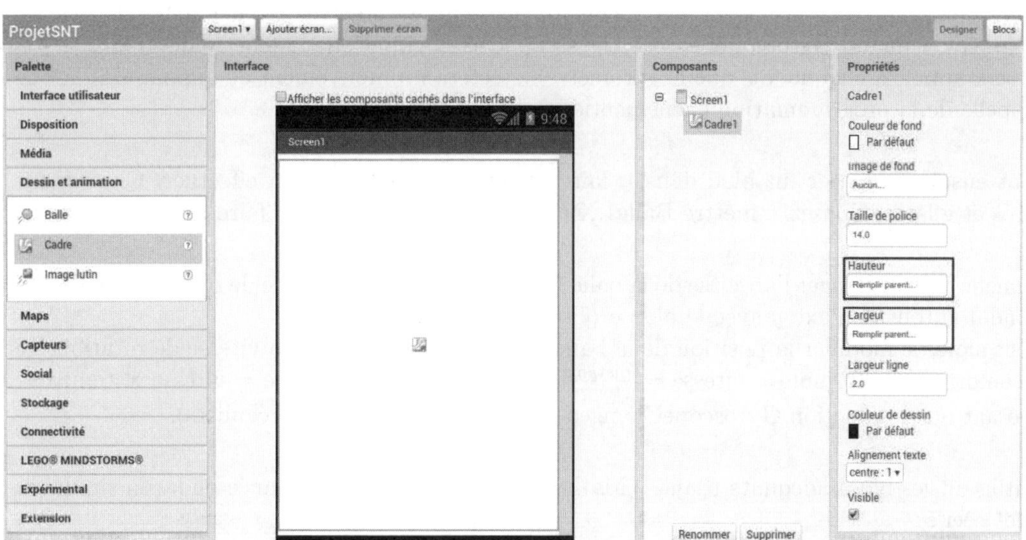

Ajoutez ensuite une balle à l'écran du téléphone (également dans « Dessin et animation »). Nous allons déplacer cette balle en utilisant le **gyromètre** du téléphone, qui est un capteur détectant la vitesse de rotation suivant l'axe des x (abscisses) et des y (ordonnées) du téléphone.

Utilisez le gyromètre : cliquez sur « Capteurs » dans la « Palette » puis faites un glisser-déposer de « GyroscopeSensor » sur l'interface du téléphone.

Cliquez maintenant sur le bouton « Blocs » en haut à droite. Pour programmer une application, App inventor utilise des blocs à assembler, plutôt que des lignes de code comme en Python.

Cliquez sur « GyroscopeSensor1 » (le nom du capteur gyromètre par défaut) puis glissez-déposez le bloc « quand GyroscopeSensor1.GyroscopeChanged... » sur la fenêtre de droite.
Ce bloc sera appelé à chaque fois que le gyromètre détectera un mouvement de l'appareil (c'est ce qu'on appelle de la programmation événementielle).

Il faut ensuite rajouter un bloc dans « faire », qui va être l'action à effectuer. Cliquez sur « Balle1 » et glissez-déposez « mettre Balle1.X à » à l'intérieur du bloc « faire ».

Comment faut-il changer l'abscisse de la balle ? On peut obtenir la vitesse de rotation (en degrés par seconde) autour de l'axe y avec le bloc « obtenir yAngularVelocity ».
On choisit alors de modifier la position de la balle proportionnellement à la vitesse de rotation (ce qui est conforme à la formule « vitesse $= \frac{\text{distance}}{\text{temps}}$ », c'est à dire « distance = vitesse × temps », en supposant que la fonction GyroscopeChanged est appelée à intervalles réguliers).

En utilisant les blocs adéquats (dans « Math ») et en modifiant l'ordonnée de façon similaire, on obtient ceci :

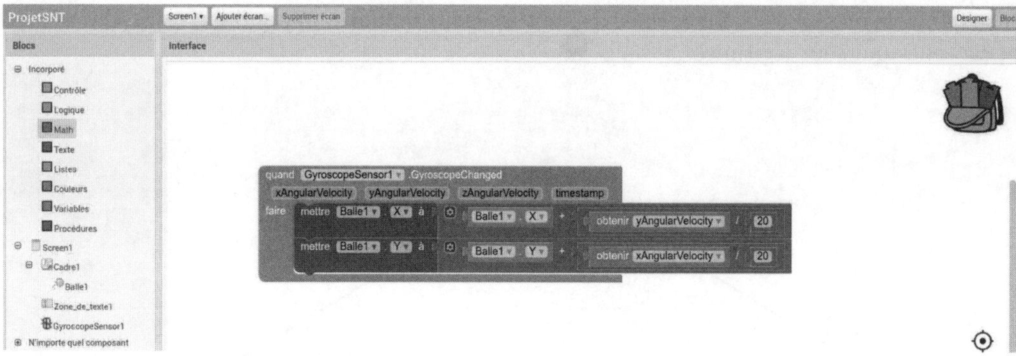

On a choisi de diviser par 20 la vitesse de rotation de façon à ce que le déplacement de la balle ne soit ni trop lent, ni trop rapide.

Il est temps de tester notre application. Pour connecter votre ordinateur à votre téléphone, téléchargez l'application « MIT AI2 Companion » dans le « Store » de votre appareil Android. Sur `http://ai2.appinventor.mit.edu`, cliquez sur « Connecte » puis « Compagnon AI » et rentrez le code sur l'application téléphone.

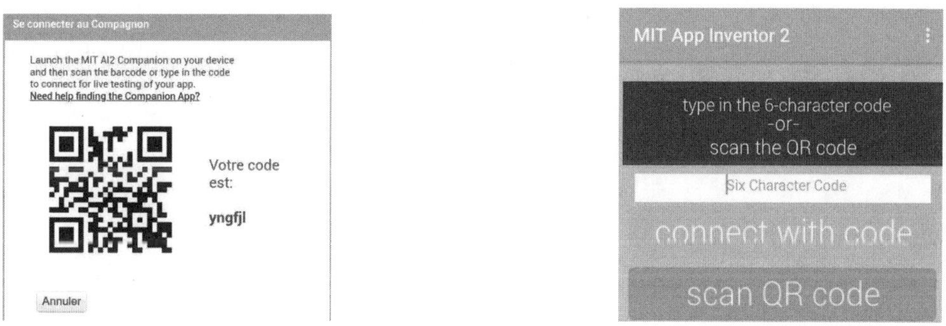

Côté ordinateur

Coté smartphone

FIGURE 7.2: Connexion

Félicitations ! Vous venez de créer votre première application smartphone. Pour aller plus loin, voir `https://appinventor.mit.edu/explore/ai2/beginner-videos.html` (en anglais).

■ Sécurité et objets connectés

Les objets connectés sont désormais omniprésents dans notre vie quotidienne : enceintes connectés, caméras de surveillance, imprimantes, etc. Malheureusement, c'est aussi un immense terrain de jeu pour les cybercriminels : les objets connectés sont accessibles par Internet (parfois sans que leurs propriétaires ne le sachent) et les mots de passe par défaut ne sont pas toujours modifiés.

En 2016, le botnet Mirai a utilisé des objets connectés mal sécurisés pour mener des attaques DDoS (Distributed Denial of Service) sur de nombreux sites web, ce qui a notamment rendu inaccessible Twitter, Ebay et Netflix pendant de nombreuses heures.

Ce type d'attaque consiste à envoyer énormément de requêtes (à partir d'objets connectés, souvent infectés) vers un site web. Ce dernier devient alors incapable de répondre à toutes les requêtes, y compris celles qui sont légitimes.

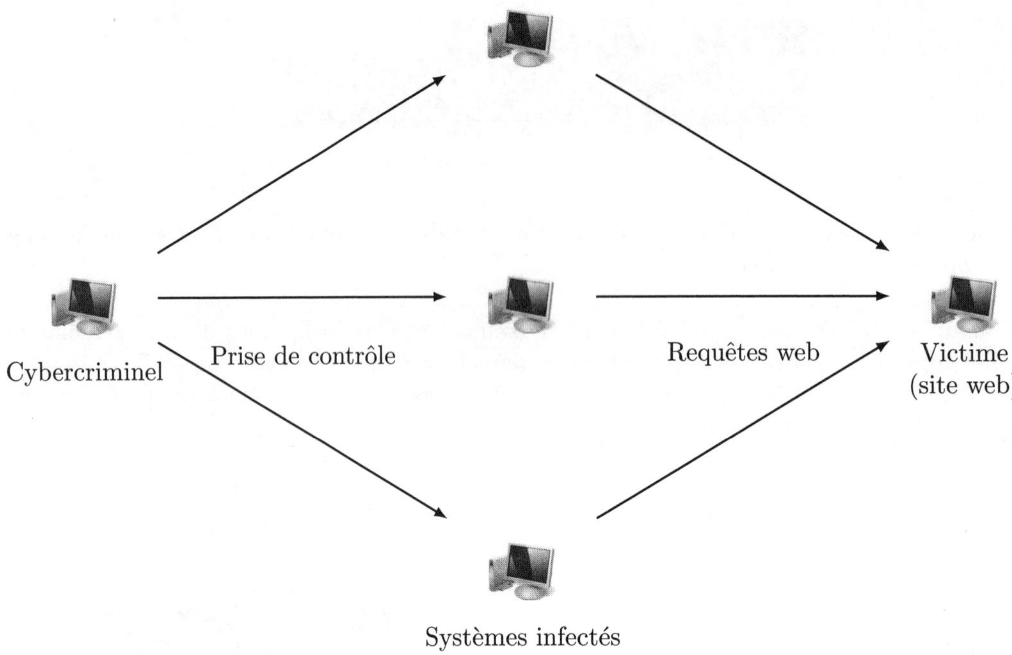

FIGURE 7.3: Principe général d'une attaque DDoS

Mirai se connectait automatiquement aux objets connectés en essayant des mots de passe comme admin, 1234, password, etc. Il est ainsi fortement conseillé de modifier le mot de passe par défaut de tout objet connecté et d'en choisir un suffisamment compliqué.

Vrai/Faux

	Vrai	Faux
1. IHM est un langage de programmation utilisé pour les objets connectés.	☐	☐
2. Il y a plus d'objets connectés que d'êtres humains dans le monde.	☐	☐
3. Une interface homme-machine consiste à améliorer le corps humain à l'aide de machines.	☐	☐
4. Un microcontrôleur permet d'exécuter des instructions.	☐	☐
5. Il est préférable d'utiliser un mot du dictionnaire comme mot de passe, pour avoir moins de risques de l'oublier.	☐	☐
6. Le nombre de mots de passes différents à n lettres est 26^n.	☐	☐
7. Un dispositif de sortie d'un système embarqué sert à gérer d'éventuelles erreurs.	☐	☐
8. Un système embarqué possède au moins un capteur, un actionneur et un microcontrôleur.	☐	☐

Énoncé des exercices

Exercice 7.1 : Cet exercice suppose que vous ayez une box internet chez vous.

Accédez à la page de configuration de votre box (regardez pour cela le mode d'emploi ou renseignez-vous à l'aide d'un moteur de recherche). Par exemple, une livebox Orange est accessible à l'adresse IP locale `192.168.1.1`. Vous pouvez donc rentrer `192.168.1.1` dans la barre d'adresse d'un naviga teur pour y accéder.
Combien avez-vous d'objets connectés via votre box ? Lesquels sont connectés par Wi-Fi ? Par cable ethernet ?

Exercice 7.2 : Modifiez l'application Android du cours en y ajoutant une balle immobile produisant un son lorsqu'elle est touchée. On pourra ajouter un élément « Texte à parole » dans « Média ».

Exercice 7.3 : Une méthode courante d'attaque informatique consiste à trouver un mot de passe par force brute, c'est-à-dire tester toutes les possibilités.

Testez la sûreté de mots de passes potentiels sur `https://password.kaspersky.com`.

Combien de temps faudrait-il pour le trouver par force brute ? Essayez avec majuscule, minuscule, chiffre, caractères spéciaux...

Exercice 7.4 : On suppose l'existence d'une fonction `connexion` telle que `connexion(p)` permette de se connecter à un système et renvoie un booléen déterminant si le mot de passe `p` est correct. Pour simplifier, on suppose de plus que ce mot de passe `p` est un entier.

Écrire une fonction `force_brute(n)` cherchant le mot de passe par force brute (voir exercice précédent) entre 0 et `n`. Cette fonction doit renvoyer le mot de passe, s'il a été trouvé.

Exercice 7.5 : Sur `http://www.cea.fr`, on peut lire le texte suivant :

« Une voiture autonome désigne une voiture dont la conduite est en partie ou entièrement automatisée. Il existe différents niveaux d'autonomie, dont certains sont déjà très courants et utilisés. Par exemple, les systèmes d'antiblocage des roues (ABS) constituent le premier niveau d'autonomie d'un véhicule. Au total, la classification établie par la SAE international compte 5 niveaux.

- **Niveau 0 : Conduite manuelle.** Toutes les tâches sont réalisées par l'Homme.
- **Niveau 1 : Conduite assistée**. Cogestion du contrôle de la voiture par l'usager et la machine. Le système d'antiblocage des roues (ABS) ou le régulateur de vitesse qui dispense le conducteur d'actionner les pédales d'accélérateur et de freinage pendant qu'il est activé sont des exemples de dispositif d'autonomie de niveau 1.

- **Niveau 2 : Conduite partiellement automatisée**. La trajectoire de la voiture (mouvements longitudinaux et latéraux) est assurée par la machine. Avec une voiture de niveau 2, le conducteur peut lâcher temporairement le volant tant qu'il reste vigilant à son environnement de conduite. Exemple : le centrage automatique dans la voie.
- **Niveau 3 : Conduite conditionnellement automatisée**. La trajectoire est gérée automatiquement et la voiture est capable de surveiller son environnement de conduite et possède la capacité d'alerter le conducteur si une situation nécessitant sa reprise en main impérative et immédiate survient.
- **Niveau 4 : Conduite hautement automatisée**. La trajectoire est gérée automatiquement et la voiture surveille son environnement pour garantir la sécurité même en cas de défaillance ou d'événement imprévu. L'automatisation de la conduite reste cependant limitée à certaines routes telles que les autoroutes et à des conditions météorologiques classiques. Les voitures de niveau 4 dispensent totalement le conducteur de tout devoir de vigilance et lui permettent de s'engager dans d'autres tâches que la conduite.
- **Niveau 5 : Conduite totalement automatisée**. La voiture est totalement automatisée sur tout type de routes.

Une voiture totalement autonome est équipée de plusieurs éléments matériels et logiciels qui coopèrent automatiquement grâce à une intelligence artificielle. La première étape pour qu'une voiture autonome conduise à la place du conducteur est de l'équiper d'une multitude de capteurs : caméras, radars, lasers tels que des lidars, capteurs ultrasons. Tous ces capteurs constituent en quelque sorte les yeux de la voiture et collectent en permanence toutes les informations extérieures utiles à la conduite comme le trafic routier ou encore les panneaux de signalisation. Afin d'assurer une autonomie sans faille, tous les capteurs sont redondants et les informations données par des capteurs de nature physique différente se complètent.

Les informations brutes collectées par tous les capteurs sont acheminées vers le cerveau de la voiture, le logiciel informatique. C'est lui le pilote. Il analyse, recoupe et donne un sens aux données en temps réel. Il repose sur une intelligence artificielle. Ce logiciel informatique a reçu au préalable une phase d'apprentissage pour pouvoir analyser correctement l'environnement extérieur et reconnaître par exemple un visage ou comprendre un panneau de signalisation. Il a appris à mémoriser de nombreux scénarios, comme l'arrêt brutal d'une voiture, pour être capable d'adapter la réponse dans toutes les circonstances. Le cerveau de la voiture est également redondé.

En fonction du résultat de l'analyse des données par l'intelligence artificielle, la voiture totalement autonome peut prendre une décision de conduite. Par exemple, les caméras et les lidars d'une voiture autonome détectent une forme. Les données recueillies sont envoyées au logiciel informatique qui, après analyse et fusion des données, reconnaît une apparence humaine et l'interprète donc comme étant un piéton. C'est à partir de cette interprétation que le logiciel comprend que le piéton s'engage sur le passage piéton. Il anticipe et prend donc la décision d'activer les freins pour stopper la voiture.

La prise de décision aboutit ensuite à une action qui active ou désactive certaines commandes comme tourner à droite, freiner, accélérer, etc. »

1. À quels niveaux d'autonomie se situent les voitures actuelles ?
2. Quels sont les capteurs mentionnés ? À quoi servent-ils ?
3. Quels sont les actionneurs mentionnés ?
4. À votre avis, quels intérêts apportent les voitures autonomes ?
5. À votre avis, à quelles difficultés se heurte l'introduction des voitures autonomes ?

■■ Corrigé des vrai/faux

1	2	3	4	5	6	7	8
F	V	F	V	F	V	F	F

1. IHM signifie interface homme-machine. Cette interface peut prendre différentes formes, programmé dans un certain langage ou pas.

2. Selon statistica (`www.statistica.com`), le nombre d'objets connectés en 2019 avoisine 26,6 milliards, ce qui est nettement supérieur au nombre d'humains (environ 7,6 milliards).

3. Une interface homme-machine permet à un utilisateur d'interagir avec une machine.

5. Il y a de l'ordre de 100 000 mots dans un dictionnaire français. Il est facile de les énumérer avec un ordinateur : s'il faut 1ms pour tester un mot de passe, il faudrait seulement 100 000ms, c'est à dire 100s, pour énumérer tous les mots du dictionnaire. Il est donc fortement déconseillé d'utiliser un mot du dictionnaire comme mot de passe.

6. Comme il y a 26 lettres dans l'alphabet, il y a 26 possibilités pour choisir la première lettre du mot de passe. Pour chacune de ces possibilités, il y a 26 choix possibles pour la deuxième lettre, et ainsi de suite. Il y a donc bien, au total, $26 \times 26 \times ... \times 26 = 26^n$ choix pour un mot de passe à n lettres. Par exemple, si $n = 8$, on trouve $26^8 = 208827064576 = 2,08827064576 \times 10^{11}$ (environ 200 milliards).

7. Un dispositif de sortie sert seulement à donner des informations à l'utilisateur.

8. Un système embarqué ne possède pas forcément de capteur : par exemple une télécommande de télévision est bien un système électronique autonome mais ne possède a priori pas de capteur. De même, un système embarqué n'a pas forcément d'actionneur (exemple : thermomètre électronique).

Exercices

Corrigé des exercices

Exercice 7.1

Voici ce que l'on obtient avec une livebox Orange :

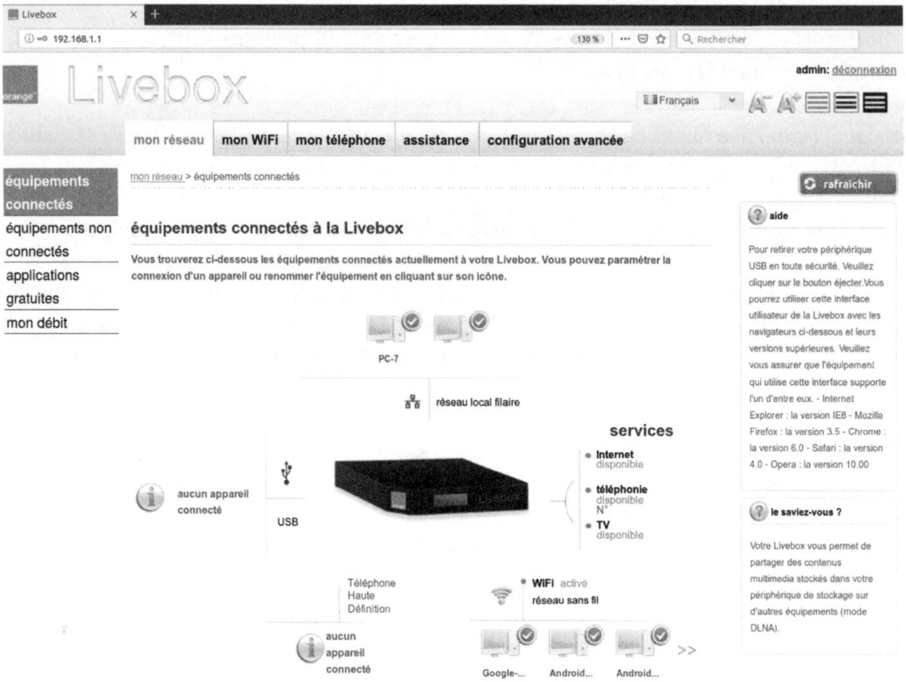

Il est possible de modifier un certain nombre de paramètres et de restreindre l'accès à Internet de certains objets connectés.

Exercice 7.2

Voici une possibilité :

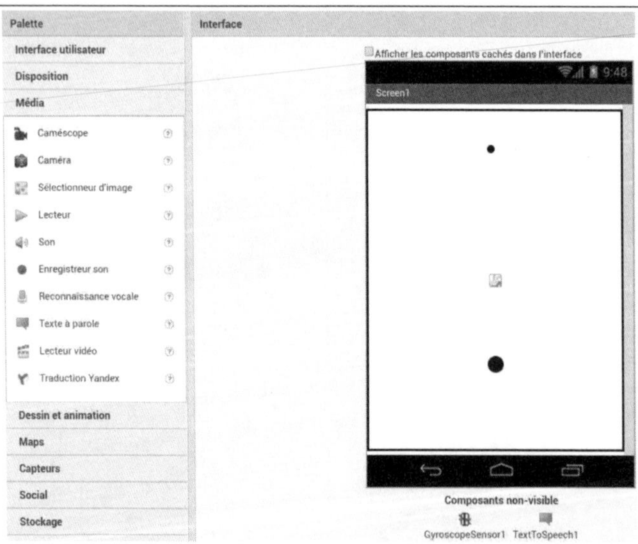

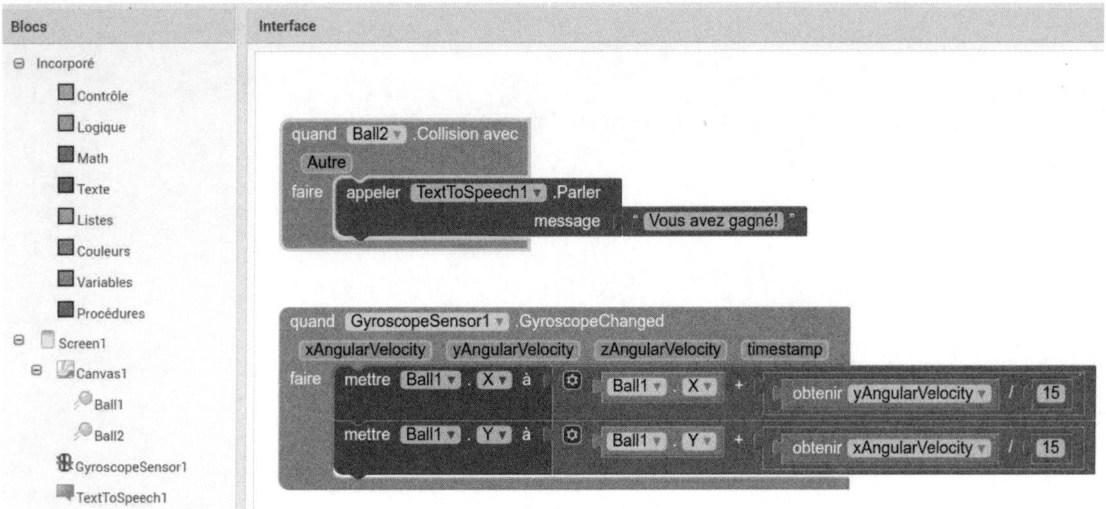

Exercice 7.3

Quelques exemples : azerty serait trouvé en environ 3 secondes, motdepasse en 2 minutes, ai71nB!c3Z en 4 ans...

Exercice 7.4

```
def force_brute(n):
    for p in range(n+1):      # pour aller jusqu'à n
        if connexion(p):
            return p      # mot de passe trouvé
    print("Le mot de passe n'a pas été trouvé")
```

Remarque : On rappelle que l'instruction `return` (voir page 8) interrompt l'exécution.
Ainsi, la dernière instruction (`print...`) ne sera exécutée que dans le cas où le mot de passe n'aurait pas été trouvé.

Exercice 7.5

1. En France, les voitures d'autonomie de niveau 2 sont courantes, mais une plus grande autonomie n'est pas encore autorisée. Cependant, dans certains États des États-Unis, des voitures complètement autonomes sont déjà en circulation.
2. D'après le texte, une voiture complètement autonome peut posséder, entre autres, des caméras, radars, lidars et des capteurs ultrasons. Ils servent à collecter des informations sur la présence d'autres véhicules ou panneaux de signalisation, leurs distances, etc.
3. Les actionneurs de la voitures sont, par exemple, le système de frein, d'accélération (par le moteur), etc.
4. Les voitures autonomes pourraient permettre de réduire le nombre d'accidents, d'apporter un gain de temps aux automobilistes (qui peuvent faire autre chose pendant le déplacement), réduire les embouteillages, etc.
5. Les voitures autonomes soulèvent de nombreuses questions : la fiabilité (sont-il exempt de bugs ?) et sécurité (un pirate informatique peut-il le compromettre ?) des logiciels utilisés, la responsabilité en cas d'accident, etc.

Chapitre 8

La photographie numérique

L'apparition de la photographie numérique a bouleversé notre rapport à l'image et à ses utilisations. L'imagerie astronomique, pour sa part, a gagné en précision grâce aux capteurs photographiques.

■ Deux scientifiques

Les deux physiciens Willard Boyle (1924-2011) et George Smith (né en 1930), le premier canadien et le second étasunien, ont conçu ensemble, en 1969, le premier capteur photographique. Ce composant électronique est capable de transformer un rayonnement électromagnétique, par exemple la lumière visible, en un signal électrique. Grâce à une amplification du courant et une numérisation des données, ce procédé permet d'obtenir des photos numériques. Malgré l'importance de leur découverte, ces deux savants durent attendre quarante ans pour obtenir conjointement en 2009 un prix Nobel bien mérité.

LE SAVIEZ-VOUS ?

Compte-tenu du nombre impressionnant de pixels que comporte une image de bonne qualité, la compression d'images est devenue indispensable pour leur envoi ou leur stockage. Il existe différentes méthodes basées sur le principe de répétitions de pixels mitoyens. Un algorithme de décodage est nécessaire à leur lecture. Le plus connu est la norme JPEG conçu pour IBM vers 1990 par un groupe d'experts.

OBJECTIFS

- Comprendre les étapes de construction d'une photographie numérique :
  - Connaître la structure du capteur d'un appareil numérique
  - Distinguer les photosites du capteur et les pixels de l'image
  - Faire la différence entre la définition et la résolution d'une image
  - Identifier les différents algorithmes qui entrent en jeu lors de la construction d'une image numérique
- Traiter une image numérique :
  - En utilisant un logiciel de traitement d'image
  - En programmant des algorithmes traitant les composantes RVB des pixels de l'image
- Savoir retrouver les métadonnées d'une photographie numérique

Cours

Historique

- **1826 :** Naissance de la photographie argentique.
- **1900 :** Début de la photographie en couleur. Généralisation du format 24x36 et de la visée reflex après la seconde guerre mondiale.
- **1969 :** Premiers capteurs CDD (*Charge Coupled Device*).
- **1975 :** Premiers appareils numériques.
- **2007 :** Arrivée du smartphone.

Capture de l'image

La capture d'image par un appareil photographique numérique est similaire à celle par l'œil humain : l'objectif avec ses lentilles joue le rôle du cristallin et permet de projeter l'image sur le capteur de l'appareil. Le diaphragme, tout comme l'iris, permet de réguler la quantité de lumière qui entre par l'objectif.

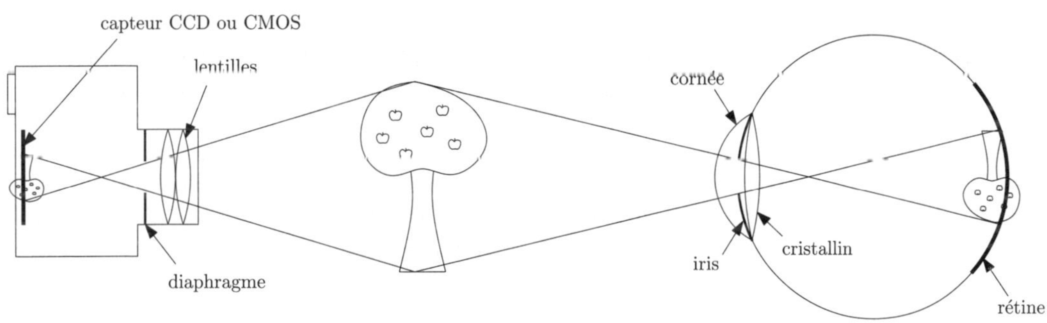

FIGURE 8.1: Comparaison œil – appareil numérique

La rétine est constituée de cellules photosensibles, les **cônes**, qui permettent d'analyser les différentes couleurs de l'image projetée sur le fond de l'œil.
De même, le capteur d'un appareil numérique est constitué de **photosites** : il s'agit de cellules mesurant l'intensité lumineuse. Chacune de ces cellules est munie d'un filtre coloré (rouge, vert ou bleu) ne laissant passer que les rayons de la couleur en question et d'une microlentille convergente permettant de concentrer les rayons au centre du photosite. Les photosites sont disposés comme sur la figure 8.2 : deux sites « vert » pour un site « rouge » et un site « bleu ».

La **définition du capteur** correspond au nombre de ses photosites.

V	R	V	R	V	R	V	R
B	V	B	V	B	V	B	V
V	R	V	R	V	R	V	R
B	V	B	V	B	V	B	V
V	R	V	R	V	R	V	R
B	V	B	V	B	V	B	V
V	R	V	R	V	R	V	R
B	V	B	V	B	V	B	V

FIGURE 8.2: Photosites d'un capteur numérique selon la matrice de Bayer

Une fois l'image capturée, les informations reçues par chaque photosite permettent d'obtenir un premier fichier au format RAW, c'est-à-dire un fichier brut de données non interprétées.
Les données subissent ensuite plusieurs traitements, notamment le **dématriçage**, afin d'obtenir une image numérique (format JPEG ou TIFF) constituée de petits carrés de couleur : les **pixels**.

La **définition d'une image** est le nombre de pixels constituant l'image.
Par exemple, une image contenant 2592 pixels en largeur et 1936 pixels en hauteur (2592×1936) a une définition de 5 018 112 pixels, soit environ 5 Mpx (mégapixels).

Remarque : Il n'y a pas nécessairement le même nombre de pixels sur l'image que de photosites sur le capteur. Cela dépend des algorithmes utilisés lors du dématriçage. La définition du capteur peut donc être différente de celle de l'image.

La **résolution d'une image** quant à elle correspond au nombre de pixels par unité de longueur. Elle est généralement exprimée en dpi (dot per inch) ou ppp (point par pouce).

Plus la résolution est importante, plus l'image sera de bonne qualité lors d'un zoom.
On obtient une très bonne qualité d'impression avec une résolution de 300 dpi par exemple, tandis que les écrans d'ordinateur ont désormais généralement une résolution entre 85 et 150 dpi. Cependant certains smartphone ont désormais des écrans avec une très bonne résolution avec par exemple 326 ppp.

■ Codage RVB des couleurs

Une image peut être considérée comme un tableau de pixels. La couleur de chaque pixel peut être codée sur 3 octets selon les trois composantes : rouge, vert et bleu.
On parle de **codage RVB** (ou RGB pour Red-Green-Blue).
Il s'agit pour chacune des trois composantes d'indiquer l'intensité de la couleur par un nombre compris entre 0 et 255.

Remarque : On a vu dans le chapitre « Internet » qu'1 octet correspondait à 8 bits, c'est-à-dire à une succession de huit 0 et 1, offrant $2^8 = 256$ valeurs possibles. On dit dans ce cas que la **profondeur de couleur** est de 24 bpp (bit par pixel), puisque pour chaque pixel et pour chacune des 3 couleurs, 8 bits sont utilisés pour coder la valeur correspondant. Si l'on augmente la profondeur, ce qui augmente en conséquent la taille du fichier, on obtient davantage de nuances dans les couleurs.

Ainsi, le rouge sera codé par (255, 0, 0), le vert par (0, 255, 0) et le bleu par (0, 0, 255). Les autres couleurs sont une combinaison des trois couleurs primaires, (128, 0, 128) correspond par exemple à du violet, (69, 193, 173) à du turquoise, (255, 165, 0) à du orange, etc.
On peut retrouver ces valeurs sur n'importe quel logiciel de dessin sur la palette de couleurs.

FIGURE 8.3: Palette de couleur – figurent les codes TSV, RVB et HEX

Remarque : Comme on peut le constater sur la figure 8.3, le codage RVB n'est pas le seul codage possible. Lorsqu'on code une page web par exemple, dans la feuille de style CCS on donnera le nom de la couleur voulue, ou bien on utilisera le codage HEX (hexadécimal) de cette couleur.

■ Métadonnées

Un fichier RAW, JPEG ou TIFF ne contient pas uniquement des données permettant l'affichage de l'image, il contient également des données sur la date et l'heure de la prise de vue, l'appareil utilisé, éventuellement le lieu etc. Toutes ces données sont appelées des **métadonnées** et sont stockées au format EXIF (Exchangeable Image File Format). On peut accéder à ces données, en effectuant un clic-droit sur le fichier, dans les propriétés de l'image.

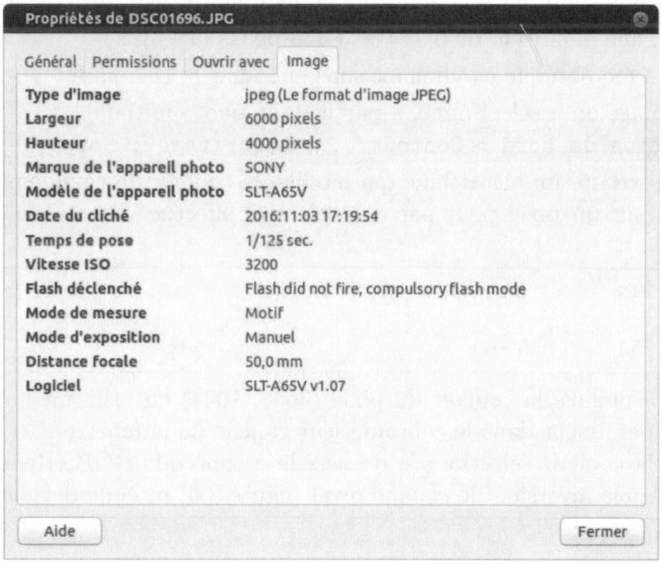

FIGURE 8.4: Métadonnées EXIF d'une photo numérique

■ Algorithmes de traitement de l'image

Entre le moment où l'on presse le bouton de l'appareil numérique pour déclencher une prise de vue et la publication de l'image sur un réseau social, par exemple, de nombreux algorithmes auront été utilisés.

▶ Avant même le déclenchement de la prise de vue

- Stabilisation de l'image afin de compenser le mouvement du photographe
- Mise au point
- Correction du flou

▶ Capture de l'image ⟶ obtention du fichier RAW

▶ Après la capture d'image

- Dématriçage
- Balance des blancs
- Contraste
- Saturation

▶ Compression de l'image ⟶ obtention du fichier JPEG

▶ Amélioration de l'image

Une fois l'image enregistrée on peut encore utiliser différents algorithmes grâce à des logiciels de retouche afin de corriger des imperfections, améliorer le rendu des couleurs ou passer en noir et blanc, découper des zones de l'image (détection des contours) etc.

Exemple : Sur la 3e de couverture figure une image numérique retravaillée avec le logiciel Gimp.

- La photo initiale a une définition de 5 184 × 3 456 pixels (18 Mpx)
- La seconde image a été obtenue en cliquant sur `Couleurs > Inverser`
- Pour la dernière image on a sélectionné, à partir de la photo initiale :
  `Filtres > Détection de bord > Contour... > Algorithme : Sobel`

À chaque fois le logiciel exécute un algorithme qui modifie la couleur de chaque pixel.
L'inversion des couleurs sur un pixel peut par exemple être effectuée en utilisant un algorithme comme celui-ci :

```
def inversion(pixel):
    r, v, b = pixel
    return (255-r, 255-v, 255-b)
```

Sur la figure 8.5 on a prélevé la couleur du pixel (3648, 1064) en utilisant l'outil pipette (les coordonnées du pixel apparaîssent dans le coin inférieur gauche de la fenêtre).
En double-cliquant sur la couleur sélectionnée on accède à son code RGB (Red-Green-Bue) : il s'agit de (255, 57, 71). Après inversion de chaque pixel (figure 8.6) ce code devient (0, 198, 184).

```
>>> pixel = (255, 57, 71)
>>> inversion(pixel)
(0, 198, 184)
```

FIGURE 8.5: Code RGB initial du pixel (3648, 1064) : (255, 57, 71)

FIGURE 8.6: Code RGB après inversion du pixel (3648, 1064) : (0, 198, 184)

■ Droit à l'image - droit d'auteur

À l'heure des réseaux sociaux, il est important de rester vigilant et de connaître ses droits afin de maîtriser la diffusion de ses données personnelles.

L'article 226-1 du code pénal indique :

Est puni d'un an d'emprisonnement et de 45 000 euros d'amende le fait, au moyen d'un procédé quelconque, volontairement de porter atteinte à l'intimité de la vie privée d'autrui :

1° En captant, enregistrant ou transmettant, sans le consentement de leur auteur, des paroles prononcées à titre privé ou confidentiel ;

2° En fixant, enregistrant ou transmettant, sans le consentement de celle-ci, l'image d'une personne se trouvant dans un lieu privé.

Lorsque les actes mentionnés au présent article ont été accomplis au vu et au su des intéressés sans qu'ils s'y soient opposés, alors qu'ils étaient en mesure de le faire, le consentement de ceux-ci est présumé.

Chaque personne dispose d'un **droit exclusif sur son image** et l'utilisation qui en est faite. Ainsi, lorsqu'une image a été prise dans un lieu **privé**, sa publication nécessite le consentement écrit des personnes **identifiables**. Toutefois, sous réserve de ne pas porter atteinte à la dignité des personnes, certaines images ne sont pas soumises à cette règle, comme par exemple :

- Les images illustrant des événements d'actualité (droit à l'information)
- Les images de personnalités publiques dans l'exercice des leurs fonctions
- Les images illustrant un sujet historique

Dans le cas où ce droit ne serait pas respecté, il convient d'abord de demander le retrait de l'image, puis, si cela n'a pas abouti, une plainte peut être déposée auprès de la CNIL :

`https://www.cnil.fr/fr/plaintes`

Par ailleurs, il existe un **droit à l'oubli**. Ainsi, on peut demander le retrait de certaines données dès lors qu'on estime qu'elles nous portent préjudice.

Enfin, rappelons que les images numériques sont également soumises au **droit d'auteur**.
Avant de publier une image il faut donc s'assurer que cela est possible, par exemple parce qu'il s'agit d'une image diffusée sous licence Creative Commons.
Notons qu'en cas de litige, les métadonnées EXIF peuvent fournir des informations essentielles.

■■ Vrai/Faux

	Vrai	Faux
1. La résolution d'une image dépend de l'appareil numérique utilisé pour la prise de vue.	☐	☐
2. Agrandir le format d'impression d'une image revient à augmenter sa résolution.	☐	☐
3. Un écran d'ordinateur affiche toujours tous les pixels d'une image numérique.	☐	☐
4. Une même image peut apparaître avec des dimensions différentes sur des écrans différents.	☐	☐
5. La résolution d'une image peut ne pas être la même en hauteur qu'en largeur.	☐	☐
6. La palette de couleurs RVB comporte 16 777 216 couleurs différentes.	☐	☐
7. Le code RVB du noir est (255, 255, 255).	☐	☐
8. Le code RVB du rouge est (255, 0, 0) et celui du vert est (0, 255, 0), donc celui du marron (obtenu en mélangeant du rouge et du vert) est (255, 255, 0).	☐	☐
9. Une fois l'image enregistrée, il est impossible de modifier les données EXIF.	☐	☐
10. Donner son consentement à être photographié ne donne pas pour autant son accord pour la diffusion de l'image (sur un réseau social par exemple).	☐	☐

Énoncé des exercices

Exercice 8.1* : On dispose d'une image carrée dont la définition est de 4 Mpx.
Déterminer les dimensions (en cm) de cette image :

- si elle est affichée sur un écran de résolution 144 dpi.
- si elle est imprimée par une imprimante de résolution 300 dpi.

Exercice 8.2 : Un magasin propose deux ordinateurs à des prix intéressants. Le premier possède un écran de définition 1 233 × 925 px et de dimensions 345,44 × 259,08 mm (écran 17"). Le second a un écran de définition 1 219 × 914 px et de dimensions 304,80 × 228,60 mm (écran 15").
Lequel a la meilleure résolution ?

Exercice 8.3* : Lorsque l'on dispose du code RVB d'une couleur, qu'on note (R, V, B), le calcul de la luminance se fait à l'aide de la formule suivante : L = 0,2126 R + 0,7152 V + 0,0722 B.
Écrire une fonction Python telle que `lum(couleur)` renvoie la valeur de la luminance lorsque `couleur = (r, v, b)`. La tester dans le cas du blanc (255, 255, 255), du rose clair (255, 192, 203) et du bordeaux (165, 42, 42).

Exercice 8.4 : On souhaite convertir une photographie couleur en noir et blanc.
Les niveaux de gris s'obtiennent avec les codes RVB de la forme (x, x, x), c'est-à-dire avec la même composante rouge, vert et bleu :

$x = 0$	$x = 32$	$x = 64$	$x = 96$	$x = 128$	$x = 160$	$x = 192$	$x = 224$	$x = 255$

Pour convertir les couleurs en niveaux de gris, on peut utiliser la valeur de la luminance donnée dans l'exercice précédent : si le code RVB de la couleur est (R, V, B) et L est la luminance, on utilise le code RVB (L', L', L') où L' est la partie entière de L.

Écrire une fonction Python telle que `niveau_gris(couleur)` renvoie le code RVB du niveau de gris correspondant puis la tester sur le rose clair et le bordeaux.
On utilisera la fonction `floor` du module `math` en saisissant la commande `from math import floor`.
`floor(x)` renvoie la partie entière du nombre flottant `x`.

Exercice 8.5 : On peut représenter une image à l'aide d'une liste contenant, pour chaque ligne, la liste des codes RVB de chaque pixel de la ligne (on considère qu'on traite l'image de haut en bas et de gauche à droite).

1. Quelle image est représentée par la liste suivante ? Quelle est sa définition ? Une fois imprimée les dimensions de l'image sont 8,255 × 7,62 cm. À quelle résolution cela correspond-t-il ? Quelle est la valeur de `image[2][6]` ?

```
image = [[(255,255,255),(255,255,255),(0,0,0),(0,0,0),(0,0,0),(255,255,255),
  (255,255,255),(255,255,255),(0,0,0),(0,0,0),(0,0,0),(255,255,255),(255,255,255)],
[(255,255,255),(0,0,0),(255,0,0),(255,0,0),(255,0,0),(0,0,0),(255,255,255),(0,0,0),
  (255,0,0),(255,0,0),(255,0,0),(0,0,0),(255,255,255)],
[(0,0,0),(255,0,0),(255,0,0),(255,0,0),(255,0,0),(255,0,0),(0,0,0),(255,0,0),
  (255,0,0),(255,0,0),(255,0,0),(255,0,0),(0,0,0)],
[(0,0,0),(255,0,0),(255,0,0),(255,0,0),(255,0,0),(255,0,0),(255,0,0),(255,0,0),
```

```
    (255,0,0),(255,255,255),(255,255,255),(255,0,0),(0,0,0)],
  [(0,0,0),(255,0,0),(255,0,0),(255,0,0),(255,0,0),(255,0,0),(255,0,0),(255,0,0),
    (255,0,0),(255,0,0),(255,255,255),(255,0,0),(0,0,0)],
  [(0,0,0),(255,0,0),(255,0,0),(255,0,0),(255,0,0),(255,0,0),(255,0,0),(255,0,0),
    (255,0,0),(255,0,0),(255,0,0),(255,0,0),(0,0,0)],
  [(255,255,255),(0,0,0),(255,0,0),(255,0,0),(255,0,0),(255,0,0),(255,0,0),(255,0,0),
    (255,0,0),(255,0,0),(255,0,0),(0,0,0),(255,255,255)],
  [(255,255,255),(255,255,255),(0,0,0),(255,0,0),(255,0,0),(255,0,0),(255,0,0),
    (255,0,0),(255,0,0),(255,0,0),(0,0,0),(255,255,255),(255,255,255)],
  [(255,255,255),(255,255,255),(255,255,255),(0,0,0),(255,0,0),(255,0,0),(255,0,0),
    (255,0,0),(255,0,0),(0,0,0),(255,255,255),(255,255,255),(255,255,255)],
  [(255,255,255),(255,255,255),(255,255,255),(255,255,255),(0,0,0),(255,0,0),(255,0,0),
    (255,0,0),(0,0,0),(255,255,255),(255,255,255),(255,255,255),(255,255,255)],
  [(255,255,255),(255,255,255),(255,255,255),(255,255,255),(255,255,255),(0,0,0),(255,0,0),
    (0,0,0),(255,255,255),(255,255,255),(255,255,255),(255,255,255),(255,255,255)],
  [(255,255,255),(255,255,255),(255,255,255),(255,255,255),(255,255,255),(255,255,255),
    (0,0,0),(255,255,255),(255,255,255),(255,255,255),(255,255,255),(255,255,255),
    (255,255,255)]]
```

2. Donner la liste `dessin` représentant l'image suivante :

FIGURE 8.7

Exercice 8.6 : Compléter le programme suivant de sorte que `dessine_pixel(taille, couleur)` dessine un carré de la taille et de la couleur renseignées. La tester en dessinant un carré orange puis un carré noir, de côté 20.

```
>>> from turtle import *
>>> def dessine_pixel(taille, couleur):
        ........
        begin_fill()
        right(90)
        forward(......)
        ........
        forward(......)
        ........
        forward(......)
        ........
        end_fill()
```

Remarque : On utilise `begin_fill()` puis `end_fill()` : la figure contruite entre ces deux instructions sera remplie avec la couleur active.

Exercice 8.7 : Compléter le programme suivant de sorte que `dessine(image, taille)` dessine l'ensemble des pixels (à la taille fixée) de la liste `image`. On supposera que l'on a déjà importé le module `turtle` et défini la fonction `dessine_pixel` comme dans l'exercice 8.6.

```
>>> def dessine(image, taille):
    hauteur = len(image)
    largeur = len(image[0])
    reset()
    setup(largeur * taille, hauteur * taille)   # fixe la taille du cadre
    setworldcoordinates(0, -hauteur * taille, largeur * taille, 0)
        # fixe les coordonnées des coins en bas à gauche, et en haut à droite
    colormode(...)             # codes RVB sur une échelle de 0 à 255
    speed(..)                  # aller le plus vite possible
    for i in range(........):     # pour chaque ligne
        ....                      # lever le stylo
        goto(0, - taille * ...) # se placer au début de la ligne
        ....                      # poser le stylo
        for j in range(........):    # pour chaque pixel de la ligne
            couleur = image[..][..] # noter le code RVB du pixel
            dessine_pixel(taille, couleur)  # dessiner le pixel
    hideturtle()          # cacher le curseur
```

On testera la fonction `dessine` sur les deux images de l'exercice 8.5

Exercice 8.8* : Écrire une fonction `negatif` qui inverse les couleurs d'une image saisie par sa liste de codes RVB. On pourra utiliser la fonction `inversion` définie dans le cours page 142.
La tester sur les figures 8.7 et 8.8 de l'exercice précédent (figure 8.8 disponible dans le corrigé).

Exercice 8.9 :

1. Compléter le programme suivant de sorte que `alea_gris(L, h)` génère une image aléatoire (sous forme de liste) en niveaux de gris de largeur `L` et de hauteur `h` (en nombre de pixels).

```
>>> from random import randint
>>> def alea_gris(largeur, hauteur):
    image = ....           # on construit à partir d'une liste vide
    for i in range(....):    # on remplit ligne par ligne
        ligne = ....         # à partir du liste vide
        for j in range(largeur):     # on crée les pixels un par un
            niveau = ....       # génère un nombre aléatoire entre 0 et 255
            gris = (...., ...., ....)    # code RVB associé
            ligne.append(....)   # ajout du pixel dans la ligne en cours
        image.append(....)        # ajout de la ligne construite
    return ......
```

2. Modifier le programme précédent afin de créer une fonction `alea_couleur` qui génère également une image aléatoire, mais en couleur.

Exercice 8.10 :

- Ouvrir le logiciel Gimp (disponible à l'adresse `https://www.gimp.org/downloads/`).
- Cliquer sur Fichier > Nouvelle image. Puis régler sur Largeur : 13 et Hauteur : 12 px.

- Dans Image > Configurer la grille, puis Espacement, régler sur Largeur : 1 et Hauteur : 1.
- Cliquer sur Affichage > Afficher la grille
- Si la boîte à outil n'apparaît pas, cliquer sur Outils > Boîte à outils
- Double-cliquer sur l'outil crayon, puis sélectionner la brosse [1. Pixel], régler la taille à 1,00.
- Régler la couleur active puis reproduire la figure 8.8 (on pourra aussi utiliser l'outil remplissage.
- Inverser les couleurs en sélectionnant Couleurs > Inverser.
- On peut retrouver le code RVB (ici RGB) des couleurs obtenues en utilisant l'outil pipette, puis en double-cliquant sur la couleur prélevée.
- l'image obtenue peut être enregistrée en cliquant sur Fichier > Exporter comme...

Exercice 8.11 :
Ouvrir l'image de son choix avec le logiciel Gimp puis appliquer les filtres de son choix.
La combinaison [CTRL] + molette permet de zoomer. [CTRL] + [Z] permet d'annuler l'action réalisée. L'image obtenue peut être enregistrée en cliquant sur Fichier > Exporter comme...

Exercice 8.12 : Dans cet exercice nous allons utiliser le module Image de la librairie PIL.
Ouvrir une console Python et saisir :

```
>>> from PIL import Image
```

Créer une image de dimensions 256 × 256, puis charger les pixels de cette image :

```
>>> image = Image.new('RGB', (256, 256))
>>> pix = image.load()
```

Définir la fonction suivante, puis l'exécuter :

```
>>> def palette():
        for i in range(256):          # i et j sont les coordonnées des pixels
            for j in range(256):      # coin supérieur gauche comme origine
                pix[i, j] = (i, abs(i - j), j)       # code RVB du pixel
        image.show()          # affiche l'image

>>> palette()
```

Une image dont les couleurs vont du cyan (en bas à gauche) au jaune (en haut à droite) devrait apparaître.
Modifier cette fonction en une fonction `palette_ss_vert` pour que les couleurs de l'image affichée aillent plutôt du bleu au rouge.
De même, écrire une fonction `palette_ss_rouge` telle que les couleurs aillent du bleu (cette fois en haut à droite) au vert (en bas à gauche).

Voici deux autres exemples, il est possible d'en inventer plein d'autre !

```
>>> def orange():
        for i in range(256):
            for j in range(256):
                pix[i, j] = (255, i, j)
        image.show()
```

Exercices

```
>>> from math import cos
>>> def graphisme():
        for i in range(256):
          for j in range(256):
            pix[i, j] = (255, abs(int(cos(i/10) * i)), abs(int(cos(j/10) * j)))
        image.show()
```

Exercice 8.13 : Afficher la photo de son choix avec les instructions suivantes (adapter le chemin en fonction de l'emplacement de la photo choisie) :

```
>>> from PIL import Image
>>> photo = Image.open( '/home/lou/Images/IMG_2016.JPG','r')
>>> pix = photo.load()
>>> largeur, hauteur = photo.size      # récupère les dimensions de la photo
>>> photo.show()
```

Compléter le programme suivant afin d'inverser les couleurs de la photo :

```
>>> for i in range(........):
        for j in range(........):
            r, v, b = pix[i, j]
            pix[i, j] = ................
>>> photo.show()
>>> photo.save('/home/lou/Images/IMG_2016_inversee.JPG')
    # pour enregistrer la photo obtenue
```

On pourra bien sûr tester d'autres modifications, comme par exemple le passage en niveaux de gris, en s'inspirant des exercices précédents.

Indications

Ex. 8.1

1 pouce correspond à 2,54 cm.

Ex. 8.3

Lorsque l'on définit la fonction `lum`, on indique comme variable `couleur`. `couleur` doit être un triplet de nombres, mais il ne faut pas écrire `couleur = (r, v, b)` pour affecter les valeurs de `r`, `v` et `b`, l'affectation se fait dans l'autre sens : `r, v, b = couleur`.

Ex. 8.8

On pourra compléter le programme suivant :

```
def negatif(image):
    hauteur = ........
    largeur = ........
    for i in range(........):
        for j in range(....):
            image[i][j] = ........
```

Exercices

Corrigé des vrai/faux

1	2	3	4	5	6	7	8	9	10
F	F	F	V	V	V	F	F	F	V

1. La résolution d'une image dépend uniquement de l'impression. Il ne faut pas confondre avec la définition de l'image, qui elle, dépend du capteur.

2. C'est le contraire. La résolution d'une image indique le nombre de pixels par unité de longueur. Si on augmente le format d'impression (agrandissement), il y aura moins de pixels présents sur une même unité de longueur.

3. Prenons le cas d'un ordinateur dont l'écran a pour résolution 98 dpi. Si l'image numérique est en très haute définition (comporte un nombre très important de pixels), l'écran ne sera pas forcément en mesure d'afficher tous les pixels de l'image. Il ne pourra afficher que 98 pixels par pouce, cela dépend donc finalement de la taille de l'écran. Pour afficher l'image complète, certains pixels seront peut-être omis. Ainsi, pour profiter de toute la qualité des images numériques, il est important de disposer d'un écran à haute résolution.

4. Un écran de meilleure résolution affichera davantage de pixels sur une unité de longueur, l'image affichée aura donc des dimensions inférieures.

6. Il y a 256 possibilités pour chacune des trois composantes (rouge, vert et bleu), ce qui fait en tout $256 \times 256 \times 256 = 16\ 777\ 216$ possibilités.

7. Si des pixels sont noirs, cela signifie qu'aucune lumière n'est parvenue aux photosites correspondant. Le code RVB est donc (0, 0, 0). Le code (255, 255, 255) correspond au contraire au blanc.

8. Les codes RVB ne s'additionne pas comme on mélange des couleurs. Le code (255, 255, 0) correspond à du jaune.

Corrigé des exercices

Exercice 8.1

On commence par déterminer la définition de l'image en largeur et hauteur. L'image étant carrée, il s'agit de résoudre l'équation $x^2 = 4\ 000\ 000$.
L'image a donc une définition de 2 000 × 2 000 px.

- Un écran de résolution 144 dpi affiche 144 pixels par pouce (2,54 cm).
  Il affichera donc 2 000 pixels sur $\frac{2\ 000}{144} \times 2,54 \simeq 35,3$ cm.
  L'image aura donc comme dimensions : 35,3 × 35,3 cm.
- De même, une imprimante de résolution 300 dpi affichera 2 000 pixels sur $\frac{2\ 000}{300} \times 2,54 \simeq 16,9$ cm. L'image aura donc comme dimensions : 16,9 × 16,9 cm.

Exercice 8.2

Le premier écran peut afficher 1 233 pixels sur une largeur de 345,44 mm.
De plus 1 pouce mesure 25,4 mm.
L'écran a donc une résolution de $\frac{1\ 233}{345,44} \times 25,4 \ \simeq\ 91$ ppp.
Le second écran peut afficher 1 219 pixels sur une largeur de 304,80 mm,
sa résolution est donc de $\frac{1\ 219}{304,80} \times 25,4 \ \simeq\ 102$ ppp.
Le deuxième écran a une meilleure résolution que le premier.
Attention donc, à ne pas confondre la définition avec la résolution d'un écran, ce qui peut induire en erreur.

Exercice 8.3

```
>>> def lum(couleur):
    r, v, b = couleur
    return 0.2126*r + 0.7152*v + 0.0722*b

>>> blanc = (255, 255, 255)
>>> rose = (255, 192, 203)
>>> bordeaux = (165, 42, 42)
>>> lum(blanc)
254.99999999999997
# Le résultat devrait être 255 mais le calcul sur les flottants
# induit des erreurs d'arrondis
# Calculons plutôt avec des entiers :
>>> def lum(couleur):
    r, v, b = couleur
    return (2126*r + 7152*v + 722*b) / 10000

>>> lum(blanc)
255.0
>>> lum(rose)
206.188
>>> lum(bordeaux)
68.1498
```

Remarque : Si l'on ne souhaite pas définir `rose = (255, 192, 203)`, il ne faut pas écrire `lum(255, 192, 203)` mais `lum((255, 192, 203))`. En effet, `lum` n'est pas une fonction de 3 variables, mais une fonction d'une seule variable, qui se trouve être un triplet.

Corrigé

Exercice 8.4

```
def niveau_gris(couleur):
    g = floor(lum(couleur))
    return (g,g,g)

>>> niveau_gris(rose)
(206, 206, 206)
>>> niveau_gris(bordeaux)
(68, 68, 68)
```

Exercice 8.5

1. L'image correspondant est la suivante (la couleur rouge est ici imprimée en niveau de gris) :

FIGURE 8.8

Sa définition est de 13×12 pixels, soit 156 px.
En largeur il y a 13 pixels sur 8,255 cm, ce qui fait $\frac{13}{8{,}255} \times 2{,}54 = 4$ ppp.
De même en hauteur, il y a 12 pixels sur 7,62 cm, la résolution est vaut donc :
$\frac{12}{7{,}62} \times 2{,}54 = 4$ ppp.
Enfin, `image[2][6]` correspond au code RVB du pixel de la $2^{\text{ème}}$ ligne et $6^{\text{ème}}$ colonne, qui est noir : `image[2][6] = (0, 0, 0)`.

2. La liste représentant la seconde image est la suivante :

```
dessin = [[(0,0,0), (255,255,255), (0,0,0), (0,0,0), (255,255,255), (0,0,0), (0,0,0),
    (255,255,255),(0,0,0)],
[(255,255,255),(255,255,255),(255,255,255),(0,0,0),(0,0,0),(0,0,0),(255,255,255),(255,255,255),
    (255,255,255)],
[(0,0,0), (255,255,255), (0,0,0), (0,0,0), (255,255,255), (0,0,0), (0,0,0), (255,255,255),
    (0,0,0)],
[(0,0,0),(0,0,0),(0,0,0),(255,255,255),(255,255,255),(255,255,255),(0,0,0),(0,0,0),(0,0,0)],
[(255,255,255),(0,0,0),(255,255,255),(255,255,255),(0,0,0),(255,255,255),(255,255,255),(0,0,0),
    (255,255,255)],
[(0,0,0),(0,0,0),(0,0,0),(255,255,255),(255,255,255),(255,255,255),(0,0,0),(0,0,0),(0,0,0)],
[(0,0,0), (255,255,255), (0,0,0), (0,0,0), (255,255,255), (0,0,0), (0,0,0), (255,255,255),
    (0,0,0)],
[(255,255,255),(255,255,255),(255,255,255),(0,0,0),(0,0,0),(0,0,0),(255,255,255),(255,255,255),
    (255,255,255)],
[(0,0,0), (255,255,255), (0,0,0), (0,0,0), (255,255,255), (0,0,0), (0,0,0), (255,255,255),
    (0,0,0)]]
```

Exercice 8.6

```
>>> from turtle import *
>>> def dessine_pixel(taille , couleur):
        color(couleur)
        begin_fill()
        right(90)
        forward(taille)
        left(90)
        forward(taille)
        left(90)
        forward(taille)
        right(90)
        end_fill()

>>> dessine_pixel(20, 'orange')
>>> dessine_pixel(20, (0, 0, 0))
```

Exercice 8.7

```
>>> def dessine(image, taille):
    hauteur = len(image)
    largeur = len(image[0])
    reset()
    setup(largeur * taille , hauteur * taille)   # fixe la taille du cadre
    setworldcoordinates(0, -hauteur * taille , largeur * taille , 0)
        # fixe les coordonnées des coins en bas à gauche, et en haut à droite
    colormode(255)            # codes RVB sur une échelle de 0 à 255
    speed(0)                  # aller le plus vite possible
    for i in range(hauteur):       # pour chaque ligne
        up()                       # lever le stylo
        goto(0, - taille * i)      # se placer au début de la ligne
        down()                     # poser le stylo
        for j in range(largeur):       # pour chaque pixel de la ligne
            couleur = image[i][j]      # noter le code RVB du pixel
            dessine_pixel(taille , couleur) # dessiner le pixel
    hideturtle()          # cacher le curseur
```

Exercice 8.8

```
def negatif(image):
    hauteur = len(image)          # hauteur : nb de lignes
    largeur = len(image[0])       # larg : nb de pixels sur la 1ère ligne
    for i in range(hauteur):          # parcours ligne par ligne
        for j in range(largeur):      # parcours de la ligne pixel par pixel
            image[i][j] = inversion(image[i][j])       # inversion du pixel

>>> negatif(dessin) # pas de résultat en sortie
>>> dessin      # par contre, la liste dessin a ete modifiee
[[(255,255,255),(0,0,0),(255,255,255),(255,255,255),(0,0,0),(255,255,255),
   (255,255,255),(0,0,0),(255,255,255)],
[(0,0,0),(0,0,0),(0,0,0),(255,255,255),(255,255,255),(255,255,255),(0,0,0),
   (0,0,0),(0,0,0)],
[(255,255,255),(0,0,0),(255,255,255),(255,255,255),(0,0,0),(255,255,255),
```


Corrigé

```
    (255,255,255),(0,0,0),(255,255,255)],
[(255,255,255),(255,255,255),(255,255,255),(0,0,0),(0,0,0),(0,0,0),
    (255,255,255),(255,255,255),(255,255,255)],
[(0,0,0),(255,255,255),(0,0,0),(0,0,0),(255,255,255),(0,0,0),(0,0,0),
    (255,255,255),(0,0,0)],
[(255,255,255),(255,255,255),(255,255,255),(0,0,0),(0,0,0),(0,0,0),
    (255,255,255),(255,255,255),(255,255,255)],
[(255,255,255),(0,0,0),(255,255,255),(255,255,255),(0,0,0),(255,255,255),
    (255,255,255),(0,0,0),(255,255,255)],
[(0,0,0),(0,0,0),(0,0,0),(255,255,255),(255,255,255),(255,255, 255),(0,0,0),
    (0,0,0),(0,0,0)],
[(255,255,255),(0,0,0),(255,255,255),(255,255,255),(0,0,0),(255,255,255),
    (255,255,255),(0,0,0),(255,255,255)]]
```

De plus, `dessine(dessin, 20)` affiche ceci :

Exercice 8.9

1.
```
>>> from random import randint
>>> def alea_gris(largeur, hauteur):
    image = []
    for i in range(hauteur):
        ligne = []
        for j in range(largeur):
            niveau = randint(0, 255)
            gris = (niveau, niveau, niveau)
            ligne.append(gris)
        image.append(ligne)
    return image
```

`dessine(alea_n_b(20, 10), 20)` donne par exemple ceci :

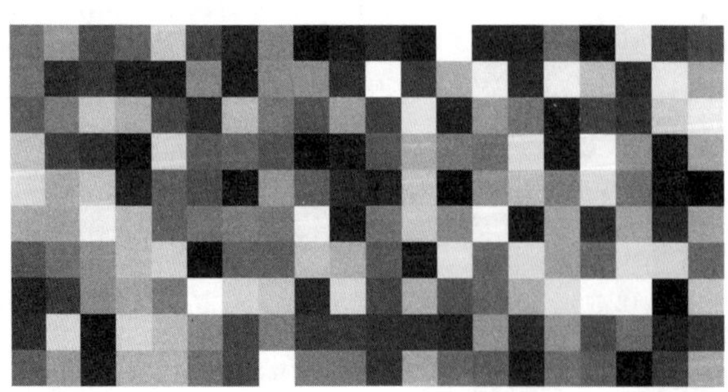

2.

```
>>> from random import randint
>>> def alea_gris(largeur, hauteur):
    image = []
    for i in range(hauteur):
        ligne = []
        for j in range(largeur):
            r = randint(0, 255)
            v = randint(0, 255)
            b = randint(0, 255)
            couleur = (r, v, b)
            ligne.append(couleur)
        image.append(ligne)
    return image
```

Exercice 8.12

```
>>> def palette_ss_vert():
        for i in range(256):
            for j in range(256):
                pix[i, j] = (i, 0, j)
        image.show()

>>> def palette_ss_rouge():
        for i in range(256):
            for j in range(256):
                pix[i, j] = (0, j, i)    # composante bleu en fonction de i
        image.show()     # et non de j pour que le bleu soit en haut à droite
```

Exercice 8.13

```
>>> for i in range(largeur):
        for j in range(hauteur):
            r, v, b = pix[i, j]
            pix[i, j] = (255 - r, 255 - v, 255 - b)
>>> photo.show()
>>> photo.save('/home/lou/Images/IMG_2016_inversee.JPG')
    # pour enregistrer la photo obtenue.
```

Corrigé